MySQL Clusterによる高可用システム運用ガイド

山﨑 由章＝著

インストールからバックアップ／リストア、
サイジングやレプリケーションまで、
MySQL Clusterの運用ノウハウが身につく！

インプレス

はじめに

本書では「MySQL Cluster」を利用するためのチュートリアルとなるように、その特徴と基本的なアーキテクチャからインストール方法、基本的な操作などをコマンド付きで解説します。

表.1 に Think IT 連載時の解説内容を一覧にまとめました。本書をきっかけに、MySQL Cluster のユーザーが 1 人でも増えれば、とても嬉しく思います。

表 1　本書の Think IT 連載時における解説内容

連載回数	解説内容
第 1 回	MySQL Cluster の概要（特徴とアーキテクチャ） https://thinkit.co.jp/story/2015/07/21/6191
第 2 回	MySQL Cluster のインストール方法、基本的な設定&操作 https://thinkit.co.jp/story/2015/07/30/6247
第 3 回	MySQL Cluster の主要な設定（パラメータ）、設定変更方法 https://thinkit.co.jp/story/2015/08/17/6279
第 4 回	MySQL Cluster のバックアップ/リストアの仕組み、関連するパラメータ https://thinkit.co.jp/story/2015/08/25/6337
第 5 回	MySQL Cluster のバックアップ/リストアの具体例 https://thinkit.co.jp/story/2015/09/09/6395
第 6 回	MySQL Cluster のサイジング方法 https://thinkit.co.jp/story/2015/09/30/6430
第 7 回	MySQL Cluster のレプリケーションの基礎 https://thinkit.co.jp/story/2015/10/29/6523
第 8 回	MySQL Cluster のレプリケーション環境構築例 https://thinkit.co.jp/article/8419
第 9 回	MySQL Cluster のチューニングの基礎 https://thinkit.co.jp/article/8462

本書において示されている見解は、私自身の見解であって、私の所属するオラクルの見解を必ずしも反映したものではありません。

目　次

第1章　MySQL Clusterの特徴とアーキテクチャ

第１章では、MySQL Cluster の特徴とアーキテクチャについて解説します。

1.1　MySQL Clusterとは？

「MySQL Cluster」は「MySQL Server」とは開発ツリーの異なる製品で、共有ディスクを使わずにアクティブ－アクティブのクラスタ構成が組めるリレーショナルデータベースです。カラムやインデックス、ノードの追加・削除といった各種メンテナンス処理をオンラインで実行できる、単一障害点がなく可用性が非常に高い、などの特徴があります。そのため、米国海軍の航空母艦における航空機管制システムなど、ミッションクリティカルな分野でも多く利用されています。

また、基本的にはデータとインデックスを全てメモリ上に持つインメモリデータベースであり、トランザクションを高速に処理できるため、リアルタイム性が求められるアプリケーションにも向いています。インメモリデータベースとして使用する場合でも、データが更新された時には更新内容をディスクに保存しているため、データの永続性は担保されています（データベースを再起動した時に更新したデータが消失するといったことはない）。

MySQL Cluster の基礎となる技術は、通信機器ベンダであるエリクソンの携帯通信網加入者データベース向けに開発された「Ericsson Network Database（NDB)」です。携帯通信網加入者データベースは、大半の処理が加入者 ID に紐づく処理であるため、１つ１つの処理は比較的シンプルです（RDBMS 視点では主キーに紐づく処理、NoSQL 視点では KVS（Key-Value Store：キーバリューストア）的な処理)。

しかし、携帯電話の加入者増加に合わせて多重実行される処理数も増えるため、システムには拡張性が求められます。また、通話履歴などの書き込み処理が大量に発生するため、読み込み処理に対してだけでなく、書き込み処理に対する拡張性も求められます。さらに通信障害が起きれば収益機会を逃してしまう上に社会インフラとしても大きな問題となるため、高可用性も求められます。このような“大量のトランザクション処理”や“高可用性”が求められる環境向けに最適化された NDB と MySQL を統合したものが、現在の MySQL Cluster です。

また、元々 NDB は SQL を使わずに C++ の API でデータを処理していましたが、MySQL と統合されたことにより SQL も使えるようになりました。そのため、現在は NoSQL（KVS）と SQL の両方が使用できます。そして、NoSQL による処理でも ACID 準拠のトランザクションに対応しています。さらに、現在は C++ の API 以外にも Java、memcached、Node.js など各種の NoSQL API が使用できるため、NoSQL の形態で Web アプリケーションのバックエンドとしても利用しやすくなっています。

1.2　MySQL Cluster の用途や事例

前述したように、MySQL Cluster は携帯通信網加入者データベース向けに開発された技術が基礎になっているということもあり、Alcatel-Lucent や Nokia、NEC などの大手通信機器ベンダでも活用事例があるほか、携帯キャリアのコンテンツ配信プラットフォーム等でも多数利用されています。また、オンラインゲームでも Big Fish Games、Blizzard Entertainment、Zynga といった海外ベンダの他、国内ベンダでも採用が広がっています。

さらに、単一障害点がなく非常に可用性が高いことなどから、前述の航空機管制システムのほか PayPal や国内の証券会社など、ミッションクリティカルなシステムでの採用事例も増えてきています。

1.3　MySQL Cluster のアーキテクチャ

MySQL Cluster は「データノード」「SQL ノード」「管理ノード」という 3 種類のノードから構成されています。図 1.1 は、データノード 4 台、SQL ノード 2 台、管理ノード 2 台で構成した場合のイメージ図です。各ノードの主な役割は表 1.1 の通りですが、順番に解説していきます。

データノード：データ管理とトランザクション制御

データノードは MySQL Cluster の肝となるノードで、データやインデックスを保持し、トランザクションを制御します。データノードでは、挿入されたデータを各テーブルの主キーのハッ

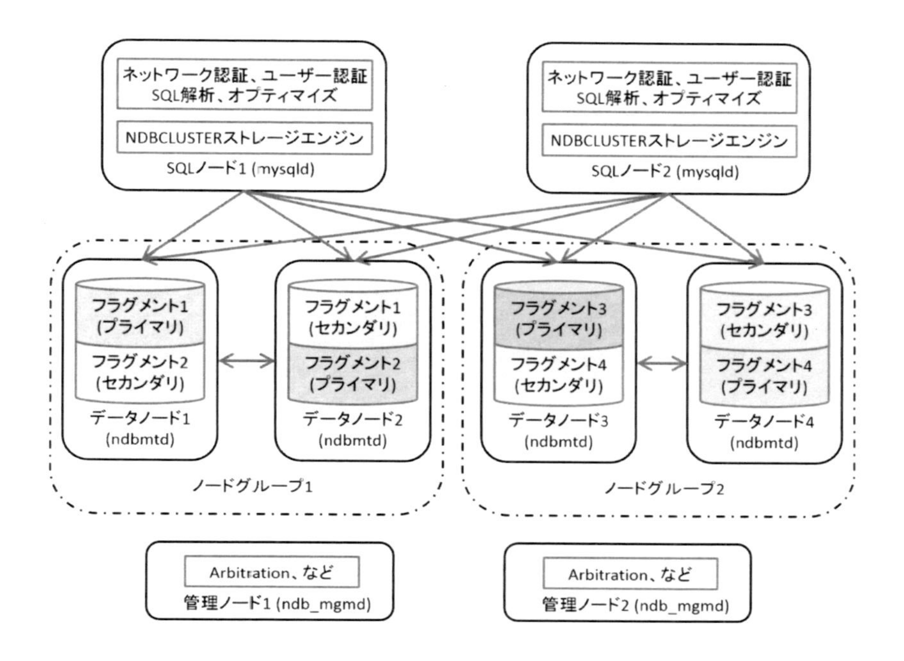

図 1.1　MySQL Cluster アーキテクチャ概要

表 1.1　MySQL Cluster の各ノードの役割

ノード名	プロセス名	主な役割
データノード	ndbmtd	・データ、インデックスの管理 ・トランザクションの制御
SQL ノード	mysqld	・アプリケーションとデータノードをつなぐ SQL インターフェース ・ユーザー認証、権限付与
管理ノード	ndb_mgmd	・MySQL Cluster の起動/停止 ・各ノードの設定管理 ・バックアップ/リストア処理の開始 ・Arbitration（スプリットブレインの解消）

シュ値に基づいて水平分割（行単位で分割）して格納します。さらに、分割したデータを同じノードグループ内のデータノードに複製して持つことで、データを冗長化します。データの冗長化はデフォルトでは 2 重化ですが、最大 4 重化まで設定できます。

図 1.1 の例ではデータノードが 4 台存在するため、データは 4 分割され、4 つのデータノードに分散して格納されています。分割された各フラグメント（断片）の複製を別のデータノードが保持するため、データノード 1 はフラグメント 1 だけでなくフラグメント 2 の複製も保持しています。同様に、データノード 2 はフラグメント 2 だけでなくフラグメント 1 の複製も保持して

います。同じデータを複数のデータノードで保持しているので、あるデータノードに障害が発生した場合でも、別のデータノードで処理を継続できます（図 1.1 の例ではデータノード 1 に障害が発生した場合、フラグメント 1 上のデータにアクセスする必要がある処理は、データノード 2 にアクセスすることで処理を継続できる）。また、障害が発生したデータノードを復旧する際も、オンラインでデータノードをクラスタに戻すことができます。

データノードへのアクセスがボトルネックになっている場合、データノードの台数を増やすことで 1 データノード当たりが持つデータ量が少なくなり、負荷分散によってスループットを向上できます。図 1.2、図 1.3 は MySQL Cluster 開発チームが実施したベンチマーク結果ですが、極めて高いスループットを実現できているだけでなく、データノードの台数を増やすにつれて線形にスループットが向上していることが確認できます（横軸がデータノード数、縦軸が 1 秒当たりの処理数）。

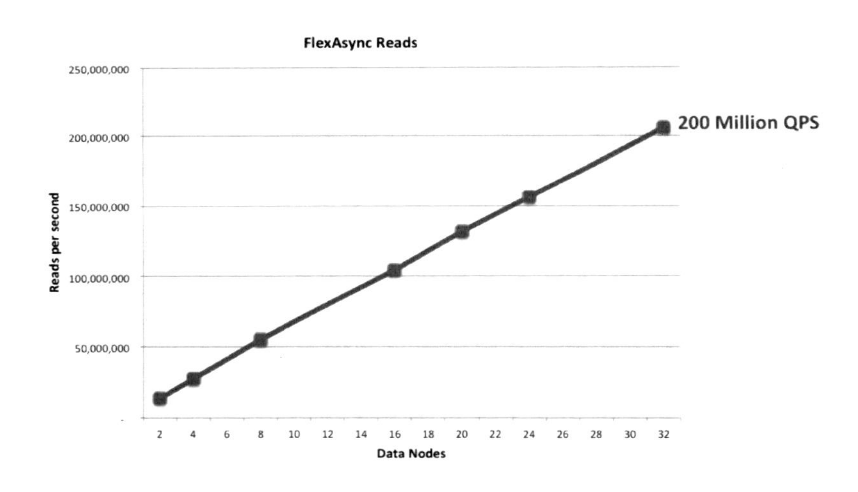

図 1.2　MySQL Cluster のベンチマーク結果（FlexAsync/NoSQL）

出典：MySQL Cluster のベンチマーク*1

参考 URL：Mikael Ronstrom: 200M reads per second in MySQL Cluster 7.4*2

*1　http://www-jp.mysql.com/why-mysql/benchmarks/mysql-cluster/
*2　http://mikaelronstrom.blogspot.jp/2015/03/200m-reads-per-second-in-mysql-cluster.html

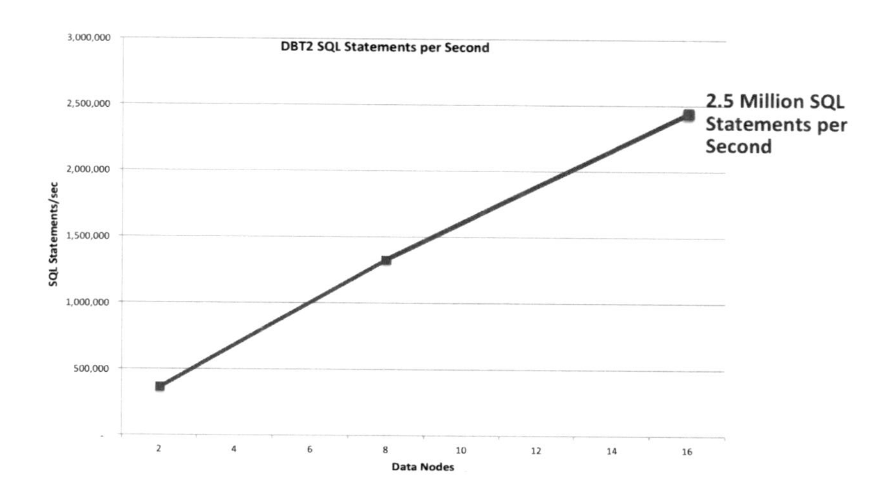

図 1.3 MySQL Cluster のベンチマーク結果（DBT-2/SQL）

SQL ノード：SQL のインターフェース

SQL ノードでは、NDBCLUSTER ストレージエンジンを追加した MySQL Server が稼働しています。データノードは MySQL Server のストレージエンジン（NDBCLUSTER ストレージエンジン）として実装されているため、NDBCLUSTER ストレージエンジンを使用しているデータはデータノード上に保持され、MyISAM、InnoDB 等のストレージエンジンを使用しているデータは SQL ノード上に保持されます（図 1.4）。通常はユーザー情報やテーブル定義などのメタデータのみ SQL ノード上に保持し、ユーザーデータは全てデータノード上に保持して利用します。

アプリケーションからは SQL ノードの MySQL Server を経由してデータノード上のデータにアクセスできます。必要なデータがどのデータノードに存在するかは SQL ノードが自動的に判断してくれるため、アプリケーションでは通常の MySQL Server を利用するのと同様の手法（同様の SQL）で MySQL Cluster 上のデータにアクセスできます。

管理ノード：データノードや SQL ノードを管理

管理ノードは補助的な役割を担うノードで、役割は限られています。管理ノードでは各ノードの設定を管理しているので、各ノードはまず管理ノードにアクセスし、設定情報を受け取ってから起動します。また、データノードの起動／停止やバックアップ／リカバリ操作なども管理ノード上からコマンドで実行します。

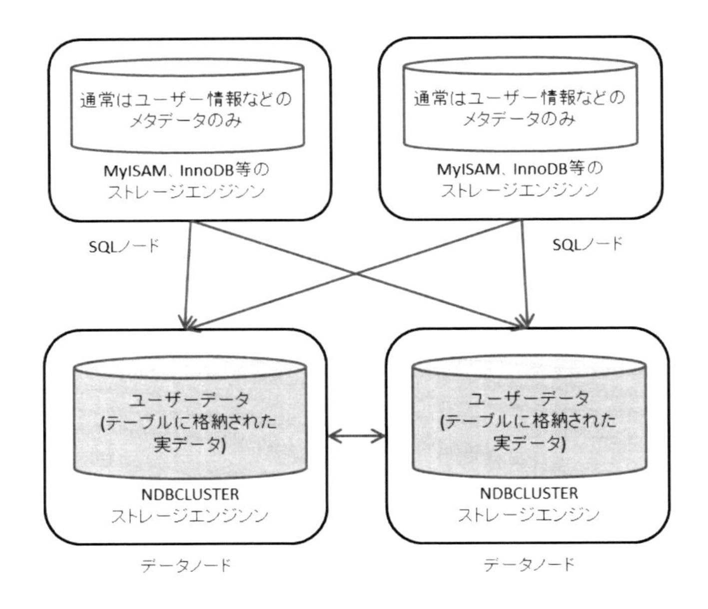

図 1.4　MySQL Cluster のデータ保持方法

また、MySQL Cluster の稼働中にネットワーク障害等によりデータノード間の通信が途絶えて「スプリットブレイン」が発生した場合は、データの不整合を防ぐために管理ノードが調停役となって Arbitration（調停）を行い、一部のデータノードを停止します。

スプリットブレインは HA クラスタ特有の問題です。MySQL Cluster では図 1.5 のようなネットワーク障害が発生した場合、どちらかのクラスタを停止しないと同じデータをクラスタ 1 でもクラスタ 2 でも更新できてしまい、データの不整合が発生してしまいます。このような不整合を防ぐために管理ノードが Arbitration を行い、どちらかのクラスタを停止します。

なお、デフォルト設定では管理ノードが Arbitration を実行しますが、SQL ノードで実行するように設定を変更することもできます。

1.4　MySQL Cluster の特徴

MySQL Cluster の主な特徴は、以下のとおりです。

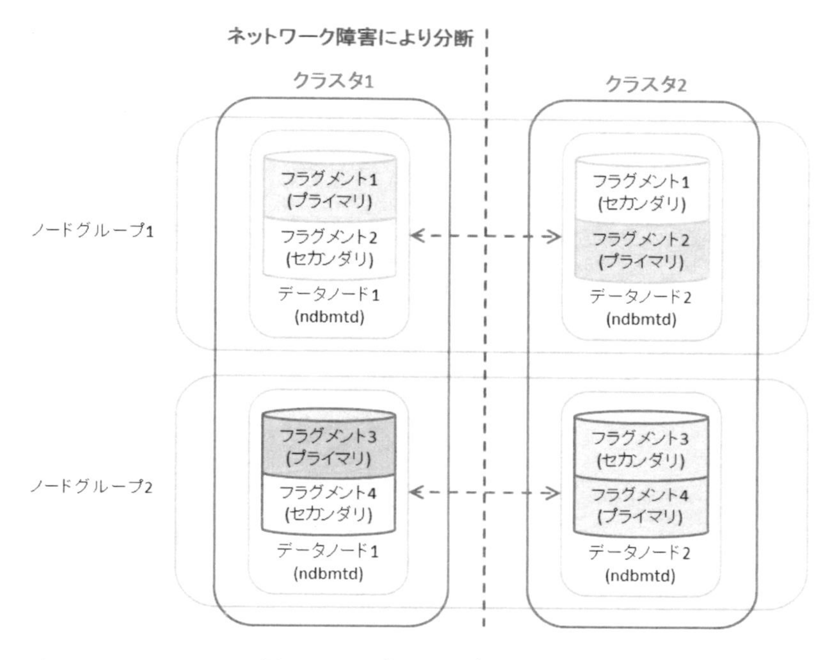

図 1.5　スプリットブレイン状態

読み込み・書き込み処理に対して高い拡張性を実現

MySQL Cluster は、内部的に自動的にデータをシャーディング（分割して複数のサーバーに分散）することにより、読み込み処理に対して高い拡張性を持っています。前述したように MySQL Cluster 向きのアプリケーションで使用すれば、書き込み処理に対しても高い拡張性を実現できます。

99.999% の高可用性（年間 5 分程度の停止時間）

単一障害点がない構成を組めるほか、障害発生時のフェイルオーバー時間も極めて短く、カラムやインデックス、ノードの追加・削除といった各種メンテナンス処理もオンラインで実行できるため、停止時間を最小限に抑えることができます。

レプリケーション機能を活用した地理的冗長性（災害対策）

複数のデータセンターなど異なる拠点に構築した MySQL Cluster 同士で非同期レプリケーションを行い、地理的な冗長性も確保できます。また、通常の MySQL Server のレプリケーション機能とは異なり、MySQL Cluster のレプリケーションでは 2 つのクラスタをそれぞれマスターとする双方向レプリケーションも構築可能です。双方向レプリケーションでは同じデータをそれぞれのクラスタで更新してしまう“データの競合”が問題になりますが、MySQL Cluster のレプリケーション機能にはデータの競合を検出するための仕組みが実装されています。MySQL Cluster のレプリケーション機能については、第 8 章で具体例を紹介する予定です。

リアルタイム処理

データノードはデフォルトではデータとインデックスをすべてメモリ上に持つインメモリデータベースであるため、トランザクションを高速に実行できます。また、データは常にメモリ上にあり性能が安定します（キャッシュ上のデータ有無による性能変動がない）。そのため、リアルタイム性が求められるアプリケーションにも適しています。

SQL ＋ NoSQL の柔軟性

データノード上のデータは NoSQL による読み込み／書き込みも可能です。より高い性能を出したい場合には NoSQL を使用し、GROUP BY や JOIN 等を使用して柔軟にデータアクセスをしたい場合には SQL を使用するといった“良いとこ取り”をした使い方ができます。

また、現在では Java、memcached、Node.js など各種の NoSQL インターフェースを取り揃えています。NoSQL インターフェースを使用した場合は KVS のように利用できますが、KVS として MySQL Cluster をとらえると、一般的な KVS と比較して以下のメリットがあります。

- ACID 準拠のトランザクションをサポート
- データの永続化と冗長化が担保されている
- 障害発生時の自動フェイルオーバー機能
- オンラインバックアップ機能
- NoSQL だけでなく SQL 文も利用可能
- SQL ノード経由でレプリケーション機能も使用可能

低い TCO

共有ディスクを使用せずに、コモディティ化しているハードウェアを複数台並べてスケールアウトすることで性能を拡張できるため、トータルコストを下げることができます。

第2章　MySQL Clusterのインストールと基本的な設定および操作

第2章では、MySQL Clusterのインストール方法と基本的な設定および操作について解説します。

2.1　MySQL Clusterのインストール

MySQL Clusterのインストール方法には、以下の方法があります。

1. GUI付きインストーラを利用する方法
2. 圧縮されたファイルを展開する方法
3. Unix環境のパッケージファイルを利用する方法

上記以外にもソースコードからビルドする方法もありますが、公開されているバイナリはすでにコンパイルオプションの最適化などが行われているため、ソースコードを変更して機能の追加／削除を行う場合を除いておすすめできません。

対応プラットフォーム

MySQL Clusterは各Linuxディストリビューション、Solaris、WindowsおよびMac OS Xなど、主要なOS上での動作がサポートされています。MySQL Clusterの各バージョンとサポート対象OSについては以下のサイトを参照してください。

Supported Platforms : MySQL Cluster

http://www-jp.mysql.com/support/supportedplatforms/cluster.html

MySQL Clusterには特別なハードウェア要件はありません。簡単な動作検証であれば最近のノート PC 程度のスペックでも十分にインストール可能です。考慮すべき点は、データやインデックスをメモリ上に格納するためデータ量に応じて必要となるメモリサイズが大きくなることですが、ある程度のメモリサイズはディスクテーブル機能により削減できます。

またノード間で頻繁に TCP/IP 通信が行われるため、ギガビットイーサネット以上のネットワーク環境が推奨されます。同時アクセス数が大きなシステムではインフィニバンドを利用している例が多数あります。

実際のシステムへの導入に当たっては、通常プロトタイプとなるアプリケーションを用いたテストを行ってハードウェアのスペックを決定していきます。

インストールパッケージ

MySQL Cluster のインストールパッケージは以下のサイトからダウンロード可能です。「Select Platform:」のプルダウンから対象の OS を選択し、必要なファイルをダウンロードしましょう。

Download MySQL Cluster
http://dev.mysql.com/downloads/cluster/

Windows 環境向けには GUI インストーラ（MSI Installer）と必要なファイルをまとめた zip ファイルが用意されています。インストールされたファイルを管理したり、サービスとして起動したりする場合などは GUI インストーラが便利です。zip ファイルは展開するだけで利用でき、レジストリも汚さないため検証などの用途に使いやすいほか、手動で OS サービスに登録するなどで起動／停止方法を用意すれば本番環境での利用も問題ありません。

Linux 環境には各ディストリビューション向けのパッケージ（rpm や deb）と、ディストリビューション共通の tar.gz ファイルが用意されています。

2.2　Linux 環境でのインストール手順

ここでは、Linux 環境でディストリビューション共通の tar.gz ファイルを利用したインストール方法を説明します。このファイルは、ダウンロードサイトの Select Platform で「Linux - Generic」を選択することでダウンロード可能です。以降の説明では、以下のシステム構成を想定して説明していきます（図 2.1）。

- 全ノードは同一 OS 上で動作させる
- SQL ノード 2 台、データノード 2 台、管理ノード 1 台の構成

- /home/mysql をホームディレクトリとする mysql ユーザーで作業
- MySQL Cluster 7.4（同梱されている MySQL Server は 5.6）

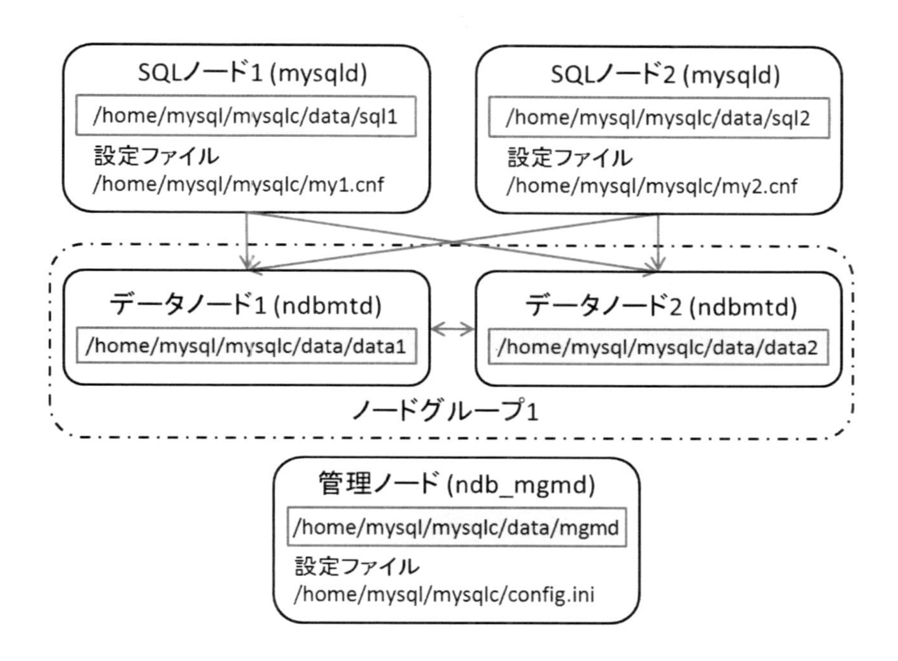

図 2.1　本書での MySQL Cluster 構成図とディレクトリ配置

ファイルの展開と基本的な設定

バイナリのインストールは tar.gz ファイルを展開するだけでおおむね終わってしまいます。以降の作業を行いやすく、また本番環境などではバージョンを切り替えやすくするために、展開先のディレクトリにシンボリックリンクを張っておきます（リスト 2.1）。

リスト 2.1: バイナリの展開とシンボリックリンク作成、SQL ノードの初期化

```
$ pwd
/home/mysql
$ tar zxvf mysql-cluster-gpl-7.4.6-linux-glibc2.5-x86_64.tar.gz
$ ln -s mysql-cluster-gpl-7.4.6-linux-glibc2.5-x86_64 mysqlc
$ cd mysqlc
$ #下記コマンド実行前に設定ファイル my1.cnf および my2.cnf を作成しておく
$ #ファイルの内容は本文に後述
$ scripts/mysql_install_db --defaults-file=/home/mysql/mysqlc/my1.cnf
```

```
$ scripts/mysql_install_db --defaults-file=/home/mysql/mysqlc/my2.cnf
$ #データノードと管理ノードのデータディレクトリ作成
$ mkdir data/data1 data/data2 data/mgmd
```

SQL ノードは通常の MySQL サーバーと同様に mysql_install_db コマンドで権限テーブルなどを作成する初期化処理も行います。リスト 2.1 の例では後述の設定ファイルを指定しています。必要となる設定ファイルは SQL ノードの mysqld が起動時に読み込む設定ファイル「my.cnf」と管理ノードが保持するクラスタ全体の設定ファイル「config.ini」です。

SQL ノードの設定項目

SQL ノードの設定ファイルは通常の MySQL サーバーと同様に my.cnf を使います。MySQL Cluster 固有で最低限求められる設定項目は表 2.1 の通りです。

表 2.1　SQL ノードで最低限求められる設定項目

パラメータ名	意味
ndbcluster *1	NDBCLUSTER ストレージエンジンを利用
ndb-connectstring *2	管理ノードの IP アドレス（またはホスト名）および TCP/IP ポートを指定

ndbcluster は設定ファイルに記載または起動オプションに設定するだけで NDBCLUSTER ストレージエンジンが有効になります。明示的に値を設定する必要はありません。ndb-connectstring で管理ノードの情報を指定すると、SQL ノードは起動時に管理ノードからクラスタ全体の構成情報を取得します。

MySQL Cluster 固有の MySQL サーバーの設定項目の詳細は以下のマニュアルを参照してください。

18.3.4.2 MySQL Cluster 用の MySQL Server オプション

http://dev.mysql.com/doc/refman/5.6/ja/mysql-cluster-program-options-mysqld.html

なお、1 つの OS 上で複数の SQL ノードを起動する場合、表 2.2 の項目についてノード毎に重複しない値を設定しておく必要があります。これは通常の MySQL サーバーを複数起動する場合でも同様です。

*1　http://dev.mysql.com/doc/refman/5.6/ja/mysql-cluster-program-options-mysqld.html#option_mysqld_ndbcluster

*2　http://dev.mysql.com/doc/refman/5.6/ja/mysql-cluster-program-options-mysqld.html#option_mysqld_ndb-connectstring

表 2.2　1 つの OS 上で複数の SQL ノードを起動する際に変更する設定項目

パラメータ名	意味
server_id *3	mysqld を一意に識別する ID
datadir *4	データディレクトリ
port *5	TCP/IP ポート番号
socket *6	UNIX ソケットファイル

以上を踏まえて作成した設定ファイル（my1.cnf）の例がリスト 2.2 です。

リスト 2.2: SQL ノードの設定（my1.cnf）

```
#SQL ノードの設定項目
[mysqld]
ndbcluster
ndb-connectstring = localhost:1186

#1 つの OS 上で複数の SQL ノードを起動するための設定項目
#別の SQL ノードではそれぞれの値を変更する
server_id =  1
datadir = /home/mysql/mysqlc/data/sql1/
port = 3306
socket = /tmp/mysql1.sock

#/usr/local/mysql 以外にプログラムを展開した際に必要な設定
#通常の MySQL サーバーでも同様
basedir = /home/mysql/mysqlc
```

管理ノードの設定項目

管理ノードでは以下の 3 点を設定ファイル（config.ini）に記述しています。

1. クラスタを構成するノードのリスト
2. ノードの種類別の設定
3. ノード固有の設定

特にデータノードは固有の設定ファイルを持たないため、データノードへの設定はすべて管理ノードの設定ファイルに記載しておきます。リスト 2.3 は管理ノードの設定ファイルの例です。クラスタ内の各ノードの台数は大括弧（[ ]）で記載されたノードの数だけ起動可能です。DataDir で指定される管理ノードとデータノードのデータディレクトリはあらかじめ作成して

*3　http://dev.mysql.com/doc/refman/5.6/ja/server-system-variables.html#sysvar_server_id
*4　http://dev.mysql.com/doc/refman/5.6/ja/server-options.html#option_mysqld_datadir
*5　http://dev.mysql.com/doc/refman/5.6/ja/server-options.html#option_mysqld_port
*6　http://dev.mysql.com/doc/refman/5.6/ja/server-options.html#option_mysqld_socket

おきます。

リスト 2.3: 管理ノードの設定（config.ini）

```
#管理ノードの設定項目
[ndb_mgmd]
DataDir = /home/mysql/mysqlc/data/mgmd/
HostName = localhost

#データノード共通の設定項目
[ndbd default]
#データの多重化の数 2-4 が指定可能
NoOfReplicas = 2

#各データノードの個別設定項目
[ndbd]
DataDir = /home/mysql/mysqlc/data/data1/
[ndbd]
DataDir = /home/mysql/mysqlc/data/data2/

#各 SQL ノードの個別設定項目
[mysqld]
[mysqld]
```

データノードの設定項目

前述した通り、データノードは設定ファイルを持たず、個別設定項目は管理ノードの設定ファイルに記載します。データノードは、起動時にはコマンドラインオプション--ndb-connectstring で管理ノードを指定しておき、設定情報を管理ノードから取得します。

2.3　基本的な操作

MySQL Cluster の初回起動時には、管理ノードの起動時に--initial オプションを付けて設定ファイルを読み込みます。その後、各データノード→各 SQL ノードの順に起動していきます。クラスタ全体を停止する際は、まず SQL ノードを停止してアプリケーションからクラスタへアクセスできないようにします。その後管理ノードにクラスタの停止命令を出して各データノードを停止し、最後に管理ノードを停止します。

クラスタの起動と簡単な稼働確認

リスト 2.4 の例では、まず--initial オプションを付けて新しい設定ファイルを読み込んで管理ノードを起動しています。続いて 2 つのデータノードを起動し、管理ノードクライアントの

ndb_mgm コマンドから管理ノードに接続し、SHOW コマンドでクラスタの状態を確認しています。ndb_mgm のオプションやコマンド等の詳細は、以下のマニュアルを参照してください。

18.4.5 ndb_mgm — MySQL Cluster 管理クライアント

http://dev.mysql.com/doc/refman/5.6/ja/mysql-cluster-programs-ndb-mgm.html

18.5.2 MySQL Cluster 管理クライアントのコマンド

http://dev.mysql.com/doc/refman/5.6/ja/mysql-cluster-mgm-client-commands.html

リスト 2.4: 管理ノード・データノードの起動とクラスタの状態を確認

```
$ cd /home/mysql/mysqlc/bin
$ ./ndb_mgmd --initial --configdir=/home/mysql/mysqlc -f
/home/mysql/mysqlc/config.ini
MySQL Cluster Management Server mysql-5.6.24 ndb-7.4.6
$ ./ndbmtd --ndb-connectstring=localhost:1186
2015-07-07 12:34:12 [ndbd] INFO     -- Angel connected to 'localhost:1186'
2015-07-07 12:34:12 [ndbd] INFO     -- Angel allocated nodeid: 2
$ ./ndbmtd --ndb-connectstring=localhost:1186
2015-07-07 12:34:13 [ndbd] INFO     -- Angel connected to 'localhost:1186'
2015-07-07 12:34:13 [ndbd] INFO     -- Angel allocated nodeid: 3
$ ./ndb_mgm --ndb-connectstring=localhost:1186
-- NDB Cluster -- Management Client --
ndb_mgm> SHOW
Connected to Management Server at: localhost:1186
Cluster Configuration
---------------------
[ndbd (NDB) ]     2 node (s)
id=2    @127.0.0.1  (mysql-5.6.24 ndb-7.4.6, Nodegroup: 0, *)
id=3    @127.0.0.1  (mysql-5.6.24 ndb-7.4.6, Nodegroup: 0)

[ndb_mgmd (MGM) ] 1 node (s)
id=1    @127.0.0.1  (mysql-5.6.24 ndb-7.4.6)

[mysqld (API) ]   2 node (s)
id=4  (not connected, accepting connect from any host)
id=5  (not connected, accepting connect from any host)

ndb_mgm> QUIT
```

この段階ではまだ SQL ノードは起動していないため、[mysqld (API)] に「not connected」と表示されています。ここで、さらに 2 つの SQL ノードを起動し、管理ノードからクラスタの状態を確認します（リスト 2.5）。設定ファイルは SQL ノード毎に「my1.cnf」と「my2.cnf」という名称にしています。クラスタの状態確認には、管理ノードクライアントの-e オプションを使用して管理ノードに直接コマンドを実行しています。

リスト 2.5: SQL ノードを起動し管理ノードからクラスタの状態を確認

```
$ ./mysqld --defaults-file=/home/mysql/mysqlc/my1.cnf &
$ ./mysqld --defaults-file=/home/mysql/mysqlc/my2.cnf &
$ ./ndb_mgm -e SHOW
Connected to Management Server at: localhost:1186
Cluster Configuration
---------------------
[ndbd(NDB)]     2 node(s)
id=2    @127.0.0.1  (mysql-5.6.24 ndb-7.4.6, Nodegroup: 0, *)
id=3    @127.0.0.1  (mysql-5.6.24 ndb-7.4.6, Nodegroup: 0)

[ndb_mgmd(MGM)] 1 node(s)
id=1    @127.0.0.1  (mysql-5.6.24 ndb-7.4.6)

[mysqld(API)]   2 node(s)
id=4    @127.0.0.1  (mysql-5.6.24 ndb-7.4.6)
id=5    @127.0.0.1  (mysql-5.6.24 ndb-7.4.6)
```

ここでは SQL ノード起動時の出力を割愛していますが、通常の MySQL サーバーの起動時とは異なり NDBCLUSTER ストレージエンジンの各種メッセージも併せて表示されます。

クラスタの簡単な動作確認

第 1 章で「NDBCLUSTER ストレージエンジンを使ったテーブルが SQL ノード上に作成されるわけではない」と解説しましたが、このことを確認してみます。また、InnoDB ストレージエンジンを使ったテーブルが SQL ノード上に作成されることも併せて確認してみます（リスト 2.6）。

リスト 2.6: クラスタの動作を確認

```
$ # TCP/IP ポート 3306 で起動している SQL ノード 1 に接続し、NDBCLUSTER ストレージエンジンを使用したテーブルを test データベースに作成
$ ./mysql -h127.0.0.1 -P3306 -uroot -e"CREATE TABLE t1 (id INT(8), col1 VARCHAR(32)) ENGINE=NDBCLUSTER" test

$ # TCP/IP ポート 3306 で起動している SQL ノード 1 に接続し、InnoDB ストレージエンジンを使用したテーブルを test データベースに作成
$ ./mysql -h127.0.0.1 -P3306 -uroot -e"CREATE TABLE t1_innodb (id INT(8), col1 VARCHAR(32)) ENGINE=InnoDB" test

$ # TCP/IP ポート 3306 で起動している SQL ノード 1 に接続し、test データベース内の t1 テーブルの定義を取得
$ ./mysql -h127.0.0.1 -P3306 -uroot -e"DESC t1" test
+-------+-------------+------+-----+---------+-------+
| Field | Type        | Null | Key | Default | Extra |
+-------+-------------+------+-----+---------+-------+
| id    | int(8)      | YES  |     | NULL    |       |
| col1  | varchar(32) | YES  |     | NULL    |       |
+-------+-------------+------+-----+---------+-------+
```

```
$ # TCP/IP ポート 3306 で起動している SQL ノード 1 に接続し、test データベース内の t1_innodb テーブルの定義を取得
$ ./mysql -h127.0.0.1 -P3306 -uroot -e"DESC t1_innodb" test
+-------+-------------+------+-----+---------+-------+
| Field | Type        | Null | Key | Default | Extra |
+-------+-------------+------+-----+---------+-------+
| id    | int(8)      | YES  |     | NULL    |       |
| col1  | varchar(32) | YES  |     | NULL    |       |
+-------+-------------+------+-----+---------+-------+

$ # TCP/IP ポート 3307 で起動している SQL ノード 2 に接続し、test データベース内の t1 テーブルの定義を取得
$ ./mysql -h127.0.0.1 -P3307 -uroot -e"DESC t1" test
+-------+-------------+------+-----+---------+-------+
| Field | Type        | Null | Key | Default | Extra |
+-------+-------------+------+-----+---------+-------+
| id    | int(8)      | YES  |     | NULL    |       |
| col1  | varchar(32) | YES  |     | NULL    |       |
+-------+-------------+------+-----+---------+-------+

$ # TCP/IP ポート 3307 で起動している SQL ノード 2 に接続し、test データベース内の t1_innodb テーブルの定義を取得 （t1_innodb テーブルはデータノードではなく SQL ノード 1 上にあるため、SQL ノード 2 からはアクセスできずにエラーになる）
$ ./mysql -h127.0.0.1 -P3307 -uroot -e"DESC t1_innodb" test
ERROR 1146 (42S02) at line 1: Table 'test.t1_innodb' doesn't exist
```

クラスタの停止

SQL ノードの停止は通常の MySQL サーバーと同様に mysqladmin の shutdown コマンドを利用します（リスト 2.7）。

リスト 2.7: SQL ノードの停止

```
$ ./mysqladmin -uroot -h 127.0.0.1 -P3306 shutdown
$ ./mysqladmin -uroot -h 127.0.0.1 -P3307 shutdown
```

この時点で、アプリケーションからデータにアクセスできなくなっています。SQL ノードを停止する前にデータノードを停止してしまうと、アプリケーションからの SQL 文は受け付けるものの、データにたどり着けないというエラーが発生します。

続けて、管理ノードで停止命令を実行すると、すべてのデータノード停止後に管理ノードも停止します（リスト 2.8）。

リスト 2.8: データノード・管理ノードの停止

```
$ ./ndb_mgm
-- NDB Cluster -- Management Client --
ndb_mgm> SHUTDOWN
Connected to Management Server at: localhost:1186
Node 3: Cluster shutdown initiated
Node 2: Cluster shutdown initiated
Node 3: Node shutdown completed.
Node 2: Node shutdown completed.
3 NDB Cluster node (s)  have shutdown.
Disconnecting to allow management server to shutdown.
ndb_mgm>
ndb_mgm> QUIT
```

管理ノードクライアントの-e オプションに shutdown コマンドを付けても、同様に各ノードを停止できます（リスト 2.9）。

リスト 2.9: 管理ノードクライアントからのデータノード・管理ノードの停止

```
$ ./ndb_mgm -e SHUTDOWN
Connected to Management Server at: localhost:1186
3 NDB Cluster node (s)  have shutdown.
Disconnecting to allow management server to shutdown.
```

第3章　MySQL Clusterの主要な設定、設定変更時の注意点

第3章では、MySQL Clusterの主要な設定や設定変更時の注意点について解説します。

記事中のコマンド例は、第2章でインストールした環境を前提としています（追加設定として、mysqlユーザーの環境変数"PATH"に"/home/mysql/mysqlc/bin"も追加した状態を前提とする）。

3.1　パラメータ変更時の注意点とパラメータ変更例

パラメータ変更時の再起動タイプ

MySQL Cluster固有のパラメータは、動的に変更できるようにはなっていません。しかし、各ノードを1つずつ順番に再起動する「ローリングリスタート」という手法を用いることで、システム全体としてはサービスを停止せずにパラメータを変更できます。

ただし、NodeIdなど一部のパラメータを変更する時はローリングリスタートではなく、「システムリスタート」というシステム全体の再起動が必要です（パラメータ変更時にシステムリスタートが必要なものは全体の1割程度と少数で、大半のパラメータはローリングリスタートにより変更可能）。

また、ログファイルのサイズ変更やデータファイルの配置ディレクトリ変更といった一部のパラメータ変更では、「イニシャルリスタート」と呼ばれる、データファイルを初期化する再起動方法が必要となります。イニシャルリスタート実行時は、--initialオプションを使用してデータノードを再起動します。

それぞれのパラメータを変更する時にどの再起動方法が必要となるかは、以下のマニュアルで確認できます。マニュアル中の「再起動タイプ」の項目から必要な再起動方法を確認してください。

18.3.3.1 MySQL Cluster データノードの構成パラメータ

http://dev.mysql.com/doc/refman/5.6/ja/mysql-cluster-params-ndbd.html

18.3.3.2 MySQL Cluster 管理ノードの構成パラメータ

http://dev.mysql.com/doc/refman/5.6/ja/mysql-cluster-params-mgmd.html

18.3.3.3 MySQL Cluster SQL ノードおよび API ノードの構成パラメータ

http://dev.mysql.com/doc/refman/5.6/ja/mysql-cluster-params-api.html

コンフィグレーションキャッシュ

デフォルト設定では、管理ノードで「コンフィギュレーションキャッシュ」という機能が有効になっています。この機能は、管理ノードが config.ini を読み込んだ時にその内容を独自の形式に変換し、--configdir オプションで指定したディレクトリに格納します。そして、次回起動時には config.ini を読み込まずにキャッシュから設定をロードします。そのため、「config.ini を変更して再起動したが、設定変更した内容が反映されていない」という現象が発生し得ます。

config.ini を読み込みし直すには、管理ノード起動時に--reload オプションもしくは--initial オプションを指定します。--reload オプションを指定した場合は古い設定の履歴が--configdir に溜まり続けます。履歴を削除したい場合は--initial オプションを指定します。

ローリングリスタートの例

リスト 3.1 は、ローリングリスタートによりデータノードのパラメータを変更している例です。ここではパラメータ"DataMemory"および"IndexMemory"の設定値を拡張し、ローリングリスタートによってシステムを停止せずに設定変更を反映しています（DataMemory および IndexMemory の説明は後述）。管理ノード→データノード→ SQL ノードの順番に 1 台ずつ再起動していますが、管理ノードを再起動する前に config.ini に” DataMemory”、” IndexMemory” を追加しています（リスト 3.2）。

リスト 3.1: ローリングリスタートの例

```
$ ndb_mgm -e "SHOW"
Connected to Management Server at: localhost:1186
Cluster Configuration
---------------------
```

```
[ndbd(NDB)]     2 node(s)
id=2    @127.0.0.1  (mysql-5.6.24 ndb-7.4.6, Nodegroup: 0, *)
id=3    @127.0.0.1  (mysql-5.6.24 ndb-7.4.6, Nodegroup: 0)

[ndb_mgmd(MGM)] 1 node(s)
id=1    @127.0.0.1  (mysql-5.6.24 ndb-7.4.6)

[mysqld(API)]   2 node(s)
id=4 (not connected, accepting connect from any host)
id=5 (not connected, accepting connect from any host)

$ #データノードのメモリ設定および現在のメモリ使用量を確認
$ ndb_mgm -e "ALL REPORT MEMORY"
Connected to Management Server at: localhost:1186
Node 2: Data usage is 0%(23 32K pages of total 2560)
Node 2: Index usage is 0%(20 8K pages of total 2336)
Node 3: Data usage is 0%(23 32K pages of total 2560)
Node 3: Index usage is 0%(20 8K pages of total 2336)

$ #下記コマンド実行前に設定ファイル config.ini を修正しておく
$ #config.ini の修正内容はリスト 3.2 参照
$
$ #管理ノードの再起動
$ #管理ノードのノード ID（1）を指定して、STOP コマンドを実行
$ ndb_mgm -e "1 STOP"
Connected to Management Server at: localhost:1186
Node 1 has shutdown.
Disconnecting to allow Management Server to shutdown
$ #config.ini の変更を反映するために、--reload オプション付きで管理ノードを起動
$ ndb_mgmd --reload --configdir=/home/mysql/mysqlc -f
/home/mysql/mysqlc/config.ini
MySQL Cluster Management Server mysql-5.6.24 ndb-7.4.6
$
$ #データノードの再起動
$ #データノードのノード ID（2）を指定して、RESTART コマンドを実行
$ ndb_mgm -e "2 RESTART"
Connected to Management Server at: localhost:1186
2015-07-20 11:43:20 2702 [Note] NDB Schema dist: Data node: 2 failed,
subscriber bitmask 00
2015-07-20 11:43:20 2629 [Note] NDB Schema dist: Data node: 2 failed,
subscriber bitmask 00
Node 2 is being restarted

$ #データノード（ノード ID=2）の設定が変わっていることを確認
$ ndb_mgm -e "ALL REPORT MEMORY"
Connected to Management Server at: localhost:1186
Node 2: Data usage is 0%(23 32K pages of total 32768)  //メモリ設定が変わっている
Node 2: Index usage is 0%(20 8K pages of total 32800)  //メモリ設定が変わっている
Node 3: Data usage is 0%(23 32K pages of total 2560)
Node 3: Index usage is 0%(20 8K pages of total 2336)

$ #データノードのノード ID（3）を指定して、RESTART コマンドを実行
$ ndb_mgm -e "3 RESTART"
```

```
Connected to Management Server at: localhost:1186
2015-07-20 11:44:07 2702 [Note] NDB Schema dist: Data node: 3 failed,
subscriber bitmask 00
2015-07-20 11:44:07 2629 [Note] NDB Schema dist: Data node: 3 failed,
subscriber bitmask 00
Node 3 is being restarted

$ #データノード（ノード ID=3）の設定が変わっていることを確認（メモリ設定が変わっていることが確認できる）
$ ndb_mgm -e "ALL REPORT MEMORY"
Connected to Management Server at: localhost:1186
Node 2: Data usage is 0%(23 32K pages of total 32768)
Node 2: Index usage is 0%(20 8K pages of total 32800)
Node 3: Data usage is 0%(23 32K pages of total 32768)  //メモリ設定が変わっている
Node 3: Index usage is 0%(20 8K pages of total 32800)  //メモリ設定が変わっている

$
$ #SQL ノードの再起動（出力は省略）
$ mysqladmin -uroot -h 127.0.0.1 -P3306 shutdown
$ mysqld --defaults-file=/home/mysql/mysqlc/my1.cnf &
$ mysqladmin -uroot -h 127.0.0.1 -P3307 shutdown
$ mysqld --defaults-file=/home/mysql/mysqlc/my2.cnf &
```

リスト 3.2: パラメータ変更後の config.ini

```
#管理ノードの設定項目
[ndb_mgmd]
DataDir = /home/mysql/mysqlc/data/mgmd/
HostName = localhost

#データノード共通の設定項目
[ndbd default]
#データの多重化の数 2-4 が指定可能
NoOfReplicas = 2
#レコードとオーダードインデックスを格納するメモリ領域のサイズを指定        //追加部分
DataMemory=1G    //追加部分
#ハッシュインデックスを格納するメモリ領域のサイズを指定     //追加部分
IndexMemory=256M          //追加部分

#各データノードの個別設定項目
[ndbd]
DataDir = /home/mysql/mysqlc/data/data1/
[ndbd]
DataDir = /home/mysql/mysqlc/data/data2/

#各 SQL ノードの個別設定項目
[mysqld]
[mysqld]
```

config.ini の書式

config.ini にパラメータを設定する時には、それぞれのノードに対応するセクションに設定内容を記載します。config.ini のセクション名と意味については表 3.1 を参照してください。

表 3.1 config.ini 内のセクション名と意味

セクション名	意味
[ndb_mgmd default]	全管理ノードに共通する設定を記述する （本連載の例では、管理ノードが 1 台の構成のため使用していない）
[ndb_mgmd]	管理ノードの設定を記述する
[ndbd default]	全データノードに共通する設定を記述する
[ndbd]	データノードの設定を記述する
[mysqld]	SQL ノードの設定を記述する

注意事項として、「［～ default］セクションは個別のセクションよりも前に記述する必要がある」という点です。本章で使用している config.ini でも、［ndbd］セクションより前に［ndb default］セクションを記述しています。

また、config.ini に設定しなかったパラメータについては、デフォルト値が自動的に設定されます。各パラメータのデフォルト値についても、前述のマニュアルで確認できます。

3.2 主要なパラメータ設定

ここからは、MySQL Cluster の主要なパラメータ設定について解説します。本章で紹介していないパラメータや各パラメータの再起動タイプ、デフォルト値などの詳細は、前述のマニュアルを参照してください。

全ノードに設定できるパラメータ

"NodeID"と"HostName"は、管理ノード、SQL ノード、データノードに共通して設定できます。実際に設定する時には、config.ini 内の対応するセクションに設定値を記述します。

NodeID*1

ノード ID です。各ノードに一意な番号を割り当てる必要があります。省略することも可能で、その場合は各ノードに自動的に ID が割り振られます。

*1 http://dev.mysql.com/doc/refman/5.6/ja/mysql-cluster-mgm-definition.html#ndbparam-mgmd-nodeid

HostName＊2

ノードが存在するホスト名です。SQL ノード、データノードに HostName を明示的に指定すると、意図しないサーバーがクラスタに組み込まれることを防ぐことができます。SQL ノード、データノードが管理ノードに接続する時に、管理ノードは NodeId と HostName の組み合わせで一致するものがあるかどうかを検査し、接続を許可します。

管理ノードに設定できるパラメータ

管理ノードに設定すべきパラメータはそれほど多くありません。主要なものに"DataDir"と"ArbitrationRank"があります。

DataDir＊3

管理ノードが生成する各種ファイル（ログファイルなど）が格納されるディレクトリを指定します。

ArbitrationRank＊4

スプリットブレイン発生時、そのノードが Arbitrator として選択される優先順位を設定します。Arbitrator として選択されたノードが Arbitration（調停）を行います。設定できる値は 3 つあり、それぞれの設定値の意味は表 3.2 の通りです。

このパラメータは SQL ノードにも設定できます。設定を変更すると、SQL ノードを Arbitrator として使用することもできます。スプリットブレインおよび Arbitration については第 1 章を参照してください。

表 3.2　ArbitrationRank の設定値

設定値	意味
0（SQL ノードのデフォルト値）	Arbitrator として使用されない
1（管理ノードのデフォルト値）	優先度が高く、優先度の低い Arbitrator より優先して Arbitrator になる
2	優先度が低く、優先度の高い Arbitrator が使用できない場合のみ Arbitrator になる

＊2　http://dev.mysql.com/doc/refman/5.6/ja/mysql-cluster-api-definition.html#ndbparam-api-hostname
＊3　http://dev.mysql.com/doc/refman/5.6/ja/mysql-cluster-mgm-definition.html#ndbparam-mgmd-datadir
＊4　http://dev.mysql.com/doc/refman/5.6/ja/mysql-cluster-mgm-definition.html#ndbparam-mgmd-arbitrationrank

SQL ノードに設定できるパラメータ

config.ini で設定する SQL ノードのパラメータは多くありません。また、今回のインストール例の config.ini でも採用している通り、SQL ノードの数だけ［mysqld］セクションを書く場合でも SQL ノードを使用できます。

ただし、通常の MySQL サーバーと同じく、SQL ノードは my.cnf で各種パラメータを設定できます。その中には MySQL Cluster に特化したパラメータもあり、主要なものに ndb-cluster-connection-pool があります。

ndb-cluster-connection-pool*5（config.ini ではなく my.cnf に設定するパラメータ）

複数のコネクションを用いて SQL ノードからデータノードへ接続できます。デフォルト値は 1 で、SQL ノードからデータノードへのコネクションは 1 本だけですが、2 以上の値を設定すると複数のコネクションを生成でき、SQL 処理の並列性が向上します。

複数のコネクションを生成した場合、図 3.1 のようにコネクション毎に NodeId が割り振られます。そのため、ndb-cluster-connection-pool を 2 以上に設定する場合は、config.ini 内の［mysqld］セクションを対応する数だけ増やす必要があります（例：SQL ノードが 2 ノードで、それぞれの SQL ノードにおいて my.cnf 内で"ndb-cluster-connection-pool=2"と設定した場合は config.ini の［mysqld］セクションが 4 つ必要）。

データノードに設定できるパラメータ

データノードは MySQL Cluster の中核であるため、設定できるパラメータも多数あります。主要なパラメータをいくつかのカテゴリに分けて解説します。なお、バックアップ関連のパラメータについては第 4 章で解説するため割愛します。

冗長化の設定、ファイル配置/ファイルサイズの設定

NoOfReplicas*6

レプリカの数を設定します。通常は 2 を指定します。2 を指定するとデータが 2 重化され、データノードが 2 台 1 組で同じデータを持つようになります。

---

*5 http://dev.mysql.com/doc/refman/5.6/ja/mysql-cluster-program-options-mysqld.html #option_mysqld_ndb-cluster-connection-pool

*6 http://dev.mysql.com/doc/refman/5.6/ja/mysql-cluster-ndbd-definition.html #ndbparam-ndbd-noofreplicas

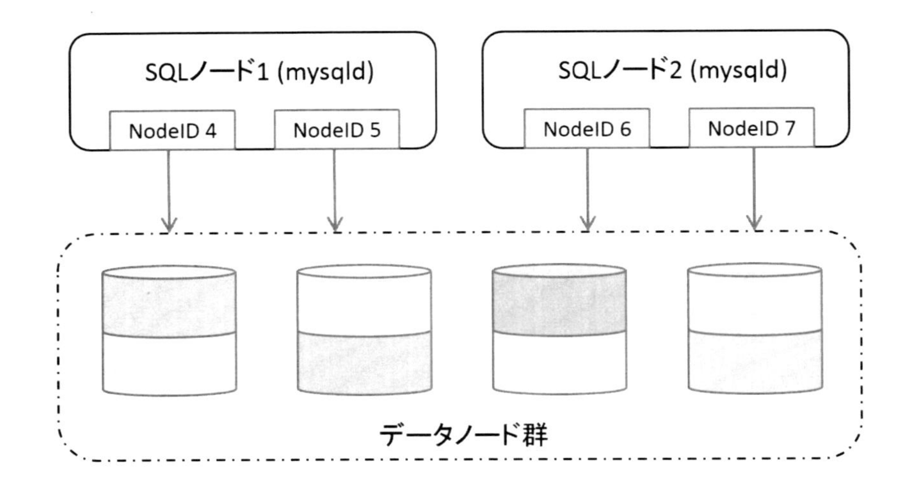

図 3.1　"ndb-cluster-connection-pool=2"の場合の構成イメージ

NoOfReplicas に 2 を指定した場合、データノードの台数は 2 の倍数になります。図 3.2 は、NoOfReplicas=2、データノード数 4 台の場合の構成イメージです。

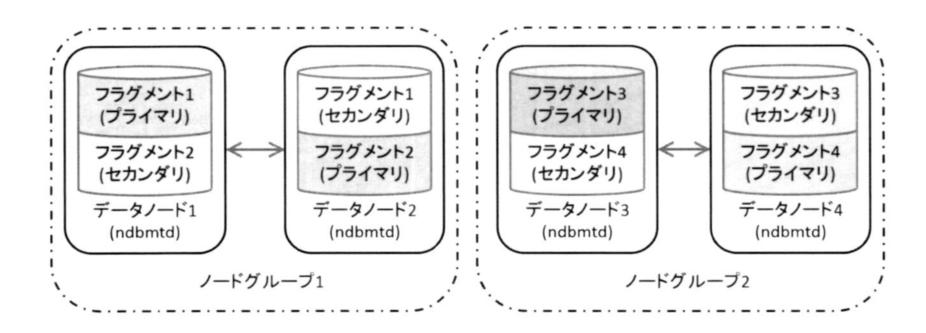

図 3.2　NoOfReplicas=2、データノード 4 台の構成図

※このパラメータは 1〜4 の範囲で指定できますが、本章の執筆時点（2015 年 7 月現在）で公式にサポートされているのは 1〜2 までです（3〜4 に設定した場合に「動作しない」というわけではなく、本番環境で 3 以上に設定した稼働実績もある。マニュアルには「指定可能な最大値は 4 ですが、現時点で実際にサポートされている値は 1 と 2 だけです。」と記載されている）。

DataDir[*7]

トレースファイル、ログファイル、PID ファイル、およびエラーログが格納されるディレクトリを指定します。

FileSystemPath[*8]

LCP、GCP などの各種データが格納されるディレクトリを指定します。指定しない場合のデフォルト値は DataDir と同一です。LCP、GCP については、第 4 章で解説します。

NoOfFragmentLogFiles[*9]

REDO ログファイルの数を指定します。FragmentLogFileSize との組み合わせで REDO ログファイルの総容量が決まります。

FragmentLogFileSize[*10]

REDO ログファイルのサイズを指定します。REDO ログファイルは 4 つのファイルが 1 セットとして扱われるため、「FragmentLogFileSize × 4 × NoOfFragmentLogFiles」が REDO ログファイルの総容量となります。REDO ログファイルのサイジングについては第 6 章で解説します。

メモリ割り当て

インメモリデータベースである MySQL Cluster にとって、メモリ割り当ての設定は非常に重要です。

特に、IndexMemory と DataMemory が不足すると新規データ追加時にエラーが発生し、データが追加できなくなります。そのため、システムで使用する全データが格納できるサイズを IndexMemory と DataMemory に設定しておく必要があります。IndexMemory と DataMemory のサイジング方法や MySQL Cluster が使用するインデックスの構造についても第 6 章で解説します。

---

*7 http://dev.mysql.com/doc/refman/5.6/ja/mysql-cluster-ndbd-definition.html#ndbparam-ndbd-datadir
*8 http://dev.mysql.com/doc/refman/5.6/ja/mysql-cluster-ndbd-definition.html#ndbparam-ndbd-filesystempath
*9 http://dev.mysql.com/doc/refman/5.6/ja/mysql-cluster-ndbd-definition.html#ndbparam-ndbd-nooffragmentlogfiles
*10 http://dev.mysql.com/doc/refman/5.6/ja/mysql-cluster-ndbd-definition.html#ndbparam-ndbd-fragmentlogfilesize

IndexMemory*11

ハッシュインデックスを格納するためのメモリ領域です。主キーやユニークキーで使用されます。MySQL Cluster が使用するインデックスの構造については第 6 章で解説します。

DataMemory*12

レコードとオーダードインデックスを格納するためのメモリ領域です。MySQL Cluster が使用するインデックスの構造については第 6 章で解説します。

StringMemory*13

テーブル名などのメタデータに使用するメモリサイズを指定します。大半のプロジェクトではこの値はデフォルト値で問題ありませんが、MySQL Cluster に格納するテーブル数が非常に多い場合（1000 個以上）などにメモリサイズが不足すると、エラー 733「Out of string memory, please modify StringMemory config parameter: Permanent error: Schema error」が発生します。このエラーが発生する場合は、StringMemory の設定値を大きくすることでエラーを回避できます。デフォルト値は 25 で、「テーブル数やテーブル名長などを元に自動的に計算された値の 25 %」を意味します。

RedoBuffer*14

REDO ログに対するバッファサイズです。トランザクションをコミットするまでの変更は、REDO バッファに保持する必要があります。そのため、大きなトランザクション（COMMIT を行うまでのデータ更新量が多いトランザクション）が実行される環境では、設定値を大きくする必要があります。このパラメータの設定値が低すぎる場合は、エラー 1221「REDO log buffers overloaded」が発生します。その場合は、設定値を大きくしてください。

最大値の設定（MaxNoOf～）

MaxNoOfAttributes などの MaxNoOf で始まるパラメータには各種の上限値を設定します。

---

*11 http://dev.mysql.com/doc/refman/5.6/ja/mysql-cluster-ndbd-definition.html#ndbparam-ndbd-indexmemory
*12 http://dev.mysql.com/doc/refman/5.6/ja/mysql-cluster-ndbd-definition.html#ndbparam-ndbd-datamemory
*13 http://dev.mysql.com/doc/refman/5.6/ja/mysql-cluster-ndbd-definition.html#ndbparam-ndbd-stringmemory
*14 http://dev.mysql.com/doc/refman/5.6/ja/mysql-cluster-ndbd-definition.html#ndbparam-ndbd-redobuffer

これらの設定値を増やすと、その分メモリ領域が必要となるため、やみくもに大きな値を設定することは推奨されません。また、これらの設定値が不足すると実行した処理がエラーになる場合があります。その場合は、設定値を大きくすることでエラーを回避できます。

MaxNoOfAttributes*[15]

アトリビュート（属性）数の最大値を指定します。アトリビュートとは、カラムやインデックスなど、テーブルに含まれる要素のことです。

MaxNoOfTables*[16]

テーブルの最大個数を指定します。

MaxNoOfOrderedIndexes*[17]

オーダードインデックスの最大の個数を指定します。

MaxNoOfUniqueHashIndexes*[18]

ユニークキーの最大の個数を指定します。

MaxNoOfTriggers*[19]

データノード内で内部的に利用されるトリガーの最大値を指定します（ユーザーが作成するトリガーとは関係ありません）。

MaxNoOfConcurrentTransactions*[20]

個々のデータノードに割り当てられるアクティブなトランザクションに対するトランザクションレコード数の最大値を指定します。トランザクションレコード数には、「トランザクション内

*15 http://dev.mysql.com/doc/refman/5.6/ja/mysql-cluster-ndbd-definition.html#ndbparam-ndbd-maxnoofattributes
*16 http://dev.mysql.com/doc/refman/5.6/ja/mysql-cluster-ndbd-definition.html#ndbparam-ndbd-maxnooftable
*17 http://dev.mysql.com/doc/refman/5.6/ja/mysql-cluster-ndbd-definition.html#ndbparam-ndbd-maxnooforderedindexes
*18 http://dev.mysql.com/doc/refman/5.6/ja/mysql-cluster-ndbd-definition.html#ndbparam-ndbd-maxnoofuniquehashindexes
*19 http://dev.mysql.com/doc/refman/5.6/ja/mysql-cluster-ndbd-definition.html#ndbparam-ndbd-maxnooftriggers

でアクセスするテーブルの数＋ 1」が割り当てられます。

MaxNoOfConcurrentOperations*21

同時にロックできる行数の最大値を指定します。通常、このパラメータはデフォルト設定の32K で十分ですが、多数のレコードを変更するバッチ系の処理がある場合には、この値を大きくする必要があります。

MaxNoOfConcurrentScans*22

同時に実行可能なスキャン操作（テーブルスキャンおよびインデックススキャン）の数の最大値を指定します。

MaxParallelScansPerFragment*23

フラグメント毎に実行できるスキャンの数の最大値を指定します。

パフォーマンスチューニング関係

ODirect*24

このパラメータを有効にすると、LCP、GCP およびバックアップ時に O_DIRECT（Direct I/O）を使用します。これにより、多くの場合 CPU 使用率が下がります。特に Linux 上でカーネル 2.6 以降を使用する場合は、ODirect を有効にすることを推奨します。このパラメータは、デフォルトでは無効になっています。

MaxNoOfExecutionThreads*25

データノードで実行されるスレッド数を制御できるパラメータです。通常は、データノードが

*20 http://dev.mysql.com/doc/refman/5.6/ja/mysql-cluster-ndbd-definition.html#ndbparam-ndbd-maxnoofconcurrenttransactions
*21 http://dev.mysql.com/doc/refman/5.6/ja/mysql-cluster-ndbd-definition.html#ndbparam-ndbd-maxnoofconcurrentoperations
*22 http://dev.mysql.com/doc/refman/5.6/ja/mysql-cluster-ndbd-definition.html#ndbparam-ndbd-maxnoofconcurrentscans
*23 http://dev.mysql.com/doc/refman/5.6/ja/mysql-cluster-ndbd-definition.html#ndbparam-ndbd-maxparallelscansperfragment
*24 http://dev.mysql.com/doc/refman/5.6/ja/mysql-cluster-ndbd-definition.html#ndbparam-ndbd-odirect

存在するマシンの CPU コア数と同じ数を設定します。

ThreadConfig*26

スレッドの種類毎にスレッド数と割り当てる CPU を指定するためのパラメータです。前述の MaxNoOfExecutionThreads を使用するよりも、より詳細にスレッドをチューニングできます。

MaxNoOfExecutionThreads、ThreadConfig のチューニングについては、第 9 章でも解説しています。

*25 http://dev.mysql.com/doc/refman/5.6/ja/mysql-cluster-ndbd-definition.html #ndbparam-ndbmtd-maxnoofexecutionthreads
*26 http://dev.mysql.com/doc/refman/5.6/ja/mysql-cluster-ndbd-definition.html #ndbparam-ndbmtd-threadconfig

第4章 MySQL Clusterのバックアップ／リストアの仕組み

第4章では、MySQL Clusterのバックアップ／リストアの仕組みについて解説します。

4.1 MySQL Clusterがデータを永続化する仕組み

MySQL Clusterのバックアップ／リストアの仕組みを解説する前に、まずMySQL Clusterがどのようにデータを永続化しているかを解説します。MySQL Clusterでは「LCP」「GCP」と呼ばれる2つのチェックポイント処理によってデータをディスクに書き込んで永続化しています。

LCP（Local CheckPoint）：1台のデータノードでのチェックポイント処理

データノード毎に、定期的にLCPが実行されます。データノード1台の中で完結した処理であるため、「ローカル」チェックポイントと呼ばれています。LCPが実行されると、データノードのメモリ上にあるすべてのデータ（DataMemory上のデータ）がディスクに書き込まれます（IndexMemory上のデータはディスクに書き込まれない。また、IndexMemory上のデータはデータノード起動時にLCPのデータから再作成されるため、ディスク上に永続化する必要はない）。

GCP (Global CheckPoint)：全データノードで同期を取ったチェックポイント処理

全データノードで同期を取り、随時 GCP が実行されます。GCP は LCP よりも細かい間隔で実行され、連続的に更新された内容をログに書き続けます。GCP では一定周期毎の更新内容を「Epoch（エポック）」と呼ばれる単位にまとめ、REDO ログとして記録します。全データノードで同期が取られているため、「同じ Epoch の GCP は同じ時間帯に更新された内容」となります。

LCP と GCP によるデータの復元

LCP はある一時点でのデータ全体であり、GCP は LCP と LCP の間の差分です。そのため、MySQL Cluster はまず LCP を読み込み、そこへ GCP を適用することによって最新のデータを復元します。

LCP と GCP の関係についてイメージしたものを図 4.1 に示します。

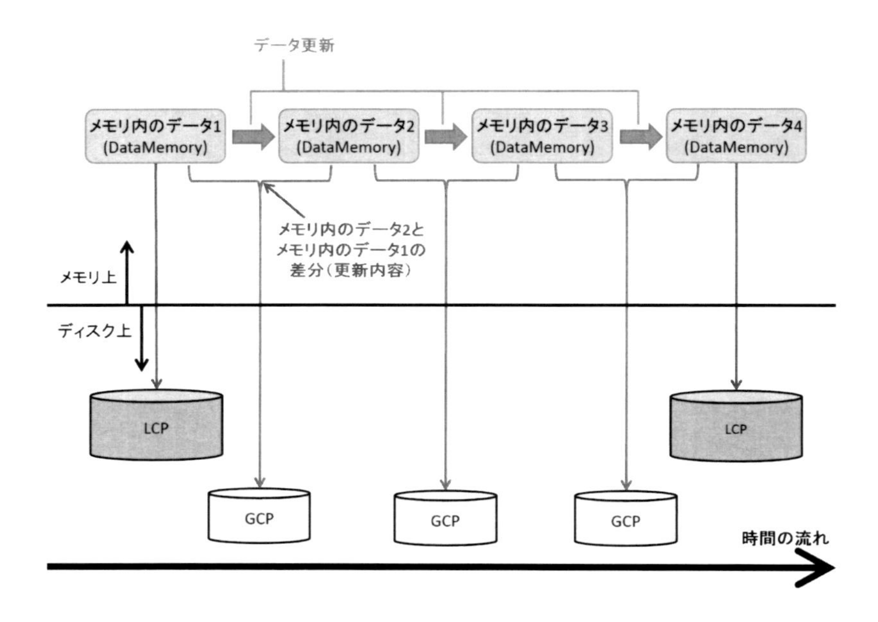

図 4.1　LCP と GCP の関係

4.2 バックアップ／リストアの仕組み

MySQL Cluster には、ネイティブなオンラインバックアップ機能があるため、通常運用時はこの機能を利用してオンラインバックアップを取得します。オンラインバックアップを実行すると、LCP のようにデータ全体（テーブルレコード全体）をバックアップとして取得します。さらに、バックアップ取得中に実行されたトランザクションによる変更もログファイルとして取得することで、ある一時点（ある Epoch 時点）における一貫性のあるデータをオンラインバックアップできます。

また、MySQL Cluster では、基本的に通常の MySQL Server で用いられる mysqldump ではバックアップを取得できません。SQL ノードが複数ある場合に、ある SQL ノードから他の SQL ノードへ行われる更新をブロックできず、全ノードにおけるデータの整合性が保証できないためです。

しかし、シングルユーザーモードを活用することで、mysqldump によるバックアップも取得可能です。シングルユーザーモードでは、データノードにアクセスする SQL ノードを 1 台に限定できるため、他の SQL ノードからの更新を防げます。そのため、メンテナンス時間帯や初期環境構築時などであれば、一旦シングルユーザーモードに切り替えることで mysqldump によるバックアップを取得できます。

バックアップの仕組み

オンラインバックアップは、管理ノードから START BACKUP コマンドを実行することで取得できます。START BACKUP コマンドを実行すると、図 4.2 のように各データノードの BackupDataDir で設定したディレクトリにフルバックアップが取得されます（BackupDataDir の説明は後述）。

BackupDataDir 配下に取得されるバックアップファイルには 3 種類があります。それぞれのファイル名と内容は、表 4.1 の通りです。

表 4.1　MySQL Cluster のバックアップファイルの種類

ファイル名	内容
BACKUP-<バックアップ ID>.<ノード ID>.ctl	テーブル定義等のメタデータ
BACKUP-<バックアップ ID>-0.<ノード ID>.data	データノードが保持しているデータ
BACKUP-<バックアップ ID>.<ノード ID>.log	バックアップ取得中に実行されたトランザクションによる変更

MySQL Cluster のオンラインバックアップは、フルバックアップのみ取得可能です。差分／

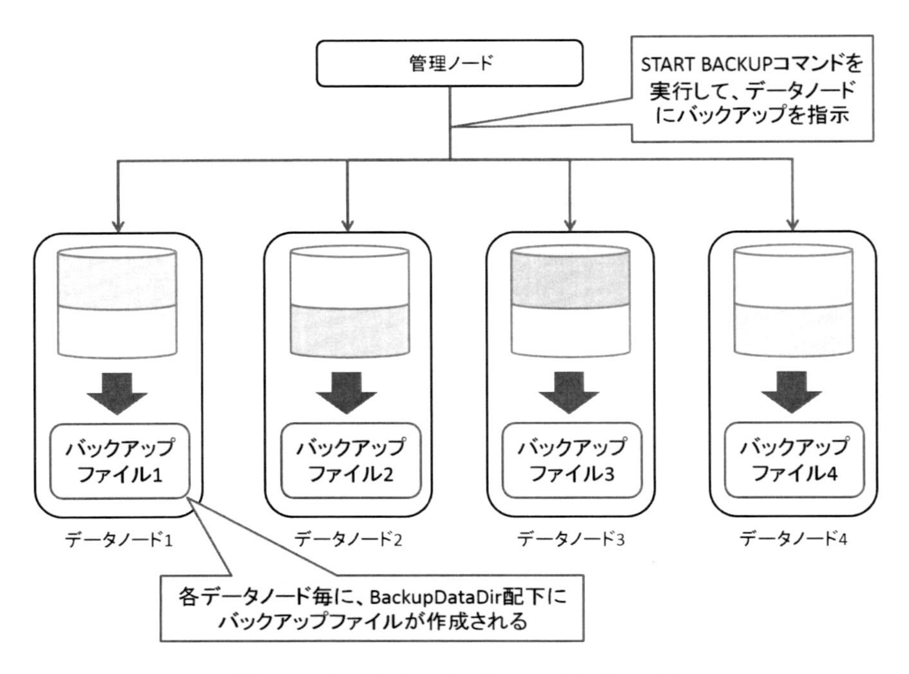

図 4.2　オンラインバックアップのイメージ

増分バックアップは取得できません。差分／増分バックアップを用いたい場合は、バイナリログを差分／増分ログとして用いる必要があります。

MySQL Cluster におけるバイナリログの扱いは、通常の MySQL Server と異なる点があります。これらについては第 7 章、第 8 章で解説します。

リストアの仕組み

リストアには、ndb_restore という専用のコマンドを用います。通常は図 4.3 のようにバックアップファイルをデータノード以外のどこかのサーバー 1 台に集約し、そのサーバーから ndb_restore コマンドを実行してリストアを行います。

なぜバックアップファイルをデータノード以外に集約しておくかというと、データノードに障害が発生した時に、バックアップファイルにアクセスできなくなることを防ぐためです。

また、データノード毎にバックアップファイルを復元する仕組みになっていないのは、データノード数の増減にも対応するためです。例えば、図 4.4 のようにデータノードが 4 台の構成で、運用中にあるノードグループを構成するサーバー 2 台に障害が発生し、それらのサーバーをすぐに復旧できなかった場合を想定します。この場合、リストアの仕組みがデータノード数に依存す

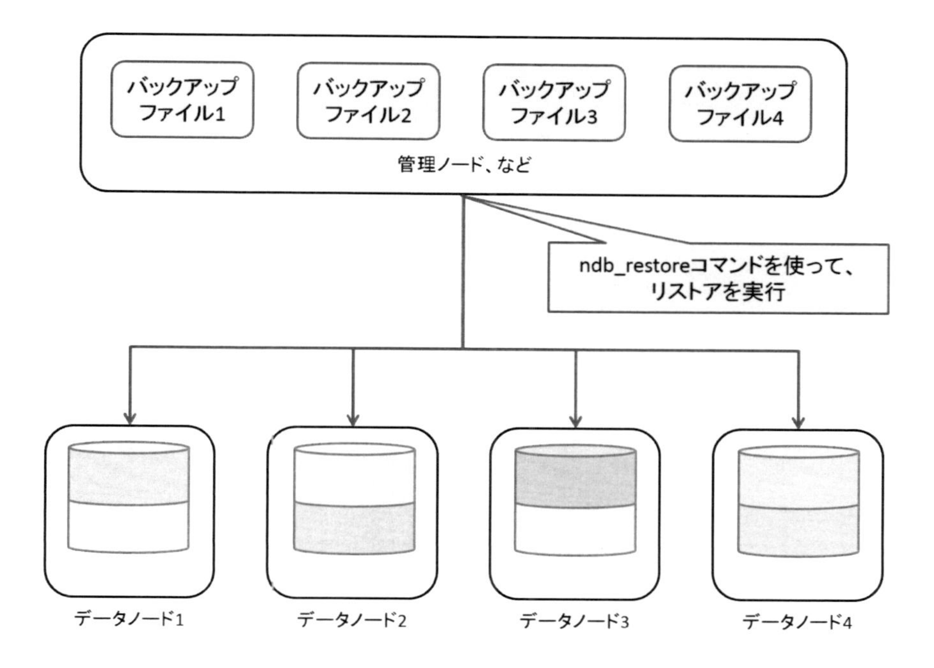

図 4.3　リストアのイメージ

る仕組みになっている場合は、障害が発生した2台のサーバーが復旧できるまでリストアを開始できません。しかし、実際にはリストアの仕組みはデータノード数に依存しないため、障害が発生した2台のサーバーの復旧を待たずして障害が発生していないサーバー2台に対してバックアップをリストアし、縮退運転でシステムを再開することもできます。

4.3　バックアップ、リストア関連のパラメータ

ここでは、バックアップ、リストア関連の主要なパラメータについて解説します。第3章でも解説した通り、各パラメータの再起動タイプ、デフォルト値などの詳細はマニュアルを参照してください。

BackupDataDir*1

バックアップが格納されるディレクトリを指定します。実際には、BackupDataDir で指定したディレクトリ上に「BACKUP」というサブディレクトリが作成され、その中にバックアップ

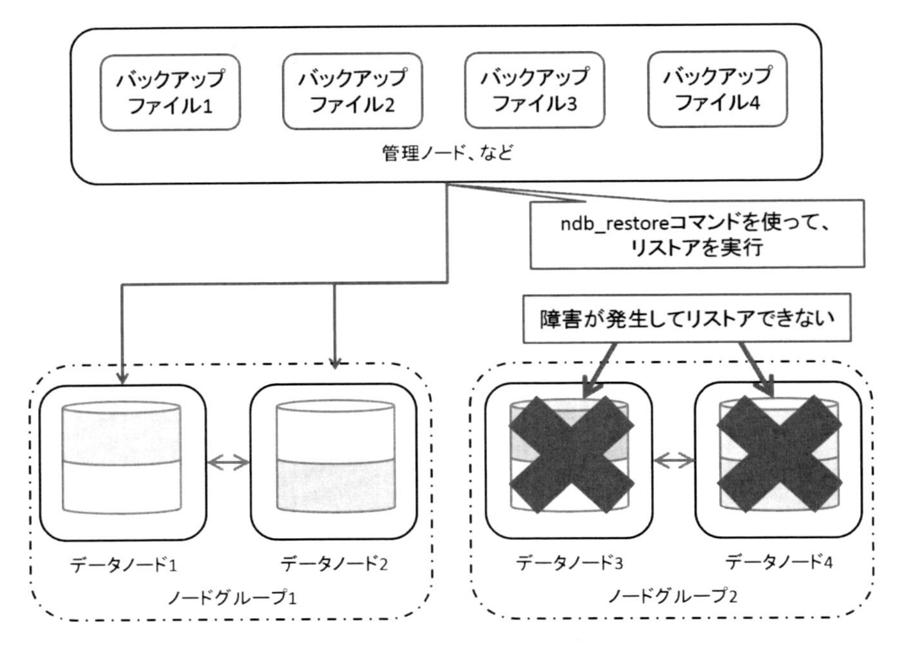

図 4.4　データノード数が減少した構成でのリストアイメージ

ファイルが格納されます。

CompressedBackup*2

バックアップファイルを圧縮します。使用される圧縮は"gzip --fast"と同等であり、圧縮しない場合に比べて 50 %以下のサイズになると言われています。圧縮を有効にすると、I/O 帯域やディスクスペースを節約できますが、その分バックアップ取得中およびリストア処理実行中の CPU 負荷は高くなります。

BackupDataBufferSize*3

MySQL Cluster にはバックアップ専用のバッファが 2 つあり、これはその 1 つで、データを格納するための領域です。大半のプロジェクトではこの値はデフォルト値で問題ありません。

---

*1　http://dev.mysql.com/doc/refman/5.6/ja/mysql-cluster-ndbd-definition.html#ndbparam-ndbd-backupdatadir
*2　http://dev.mysql.com/doc/refman/5.6/ja/mysql-cluster-ndbd-definition.html#ndbparam-ndbd-compressedbackup
*3　http://dev.mysql.com/doc/refman/5.6/ja/mysql-cluster-ndbd-definition.html#ndbparam-ndbd-backupdatabuffersize

BackupLogBufferSize*4

バックアップ専用のバッファのうち、バックアップ取得中に行われたテーブルへの変更ログを記録するための領域です。大半のプロジェクトではこの値はデフォルト値で問題ありませんが、更新処理が多い環境ではこのパラメータが小さいとバックアップの取得に失敗することがあります。本パラメータの不足によりバックアップ取得が失敗するようであれば、設定値を拡張してエラーを回避してください。

BackupMemory*5

バックアップ専用バッファのサイズで、単純に BackupDataBufferSize と BackupLogBufferSize の合計値です。このパラメータは自動的には設定されないため、BackupDataBufferSize や BackupLogBufferSize を変更した場合には、それらに合わせて BackupMemory も変更する必要があります。注意してください。

BackupWriteSize*6

バックアップをディスクに書き込む最小の単位です。細か過ぎる単位でディスクに書き込むより、ある程度まとまった単位でディスクに書き込むほうがシーケンシャルなアクセスになるため、高速化が期待できます。バックアップを書き込むストレージの I/O 性能や I/O 特性よっても最適値が異なるため、本番運用前にベンチマークを行ってチューニングしておくことが望ましいです。

BackupWriteSize の設定は、バックアップだけでなく LCP にも適用されるため、通常稼働時（オンラインバックアップを取得していない時）の性能にも影響します。また、このパラメータを調整する時は、以下の関係が有効である必要があります。有効でない場合はデータノードを起動できません。

- BackupDataBufferSize >= BackupWriteSize + 188K バイト
- BackupLogBufferSize >= BackupWriteSize + 16K バイト
- BackupMaxWriteSize >= BackupWriteSize

*4 http://dev.mysql.com/doc/refman/5.6/ja/mysql-cluster-ndbd-definition.html#ndbparam-ndbd-backuplogbuffersize
*5 http://dev.mysql.com/doc/refman/5.6/ja/mysql-cluster-ndbd-definition.html#ndbparam-ndbd-backupmemory
*6 http://dev.mysql.com/doc/refman/5.6/ja/mysql-cluster-ndbd-definition.html#ndbparam-ndbd-backupwritesize

BackupMaxWriteSize*7

バックアップをディスクに書き込みしている間にも、バックアップ専用バッファには随時データが溜まっていきます。そのため、ディスクへの書き込みに時間がかかる場合には、BackupWriteSize 以上に書き込めていないデータが溜まることがあります。その場合に、最大でどの程度まとめて書き込むかを指定します。

*7　http://dev.mysql.com/doc/refman/5.6/ja/mysql-cluster-ndbd-definition.html#ndbparam-ndbd-backupmaxwritesize

第5章 MySQL Clusterのバックアップ／リストアの具体例

第5章では、MySQL Clusterのバックアップ／リストアの具体例について解説します。

5.1 前提となる環境

本章のコマンド例は、第2章でインストールした環境を前提としています（追加設定として、mysqlユーザーの環境変数"PATH"に"/home/mysql/mysqlc/bin"も追加した状態）。

また、第4章で解説した“バックアップ／リストア関連のパラメータ”は明示的に設定していませんので、全てデフォルト設定となっています。本章のチュートリアルでバックアップが格納されるディレクトリはBackupDataDir*1のデフォルト値である"FileSystemPath/BACKUP"*2です。FileSystemPathのデフォルト値はDataDir*3であるため、DataDir配下に「BACKUP」というサブディレクトリが作成され、その中にバックアップが格納されます。

本章ではチュートリアルが目的であるためこのような設定にしていますが、本番環境ではI/Oの負荷分散のためやバックアップの安全性を高めるために、FileSystemPathとは異なるディスク上のパスを指定することが望ましいです。また、その他のバックアップ、リストア関連のパラメータも必要に応じてチューニングしてください。

---

*1 http://dev.mysql.com/doc/refman/5.6/ja/mysql-cluster-ndbd-definition.html#ndbparam-ndbd-backupdatadir
*2 http://dev.mysql.com/doc/refman/5.6/ja/mysql-cluster-ndbd-definition.html#ndbparam-ndbd-filesystempath
*3 http://dev.mysql.com/doc/refman/5.6/ja/mysql-cluster-ndbd-definition.html#ndbparam-ndbd-datadir

サンプルデータベースの作成

バックアップ／リストア後にデータが復旧されていることを確認するために、事前にサンプルデータベースを作成しておきます。サンプルデータベースは、MySQL Developer Zone[*4]の MySQL Documentation: Other MySQL Documentation[*5]から、通常の MySQL Server 用（InnoDB 用）のサンプルデータベース作成スクリプトがダウンロードできるので、こちらを MySQL Cluster 用に修正して利用します。

MySQL Documentation: Other MySQL Documentation にアクセスし、"Example Databases"の"world database"をダウンロードします（図 5.1）。

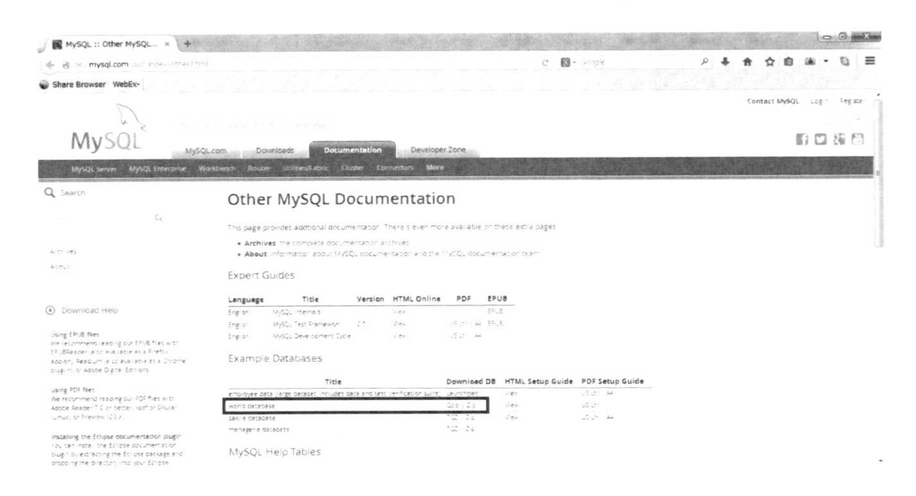

図 5.1　サンプルデータベースのダウンロード

ダウンロードしたファイル（gzip と zip どちらでも可）を展開すると、「world.sql」という SQL スクリプトファイルが入手できます。この SQL スクリプトを実行することで MySQL の研修や認定試験の問題などで利用されている「world」というサンプルデータベースを作成できますが、この SQL スクリプトは InnoDB 用です。そのため、テキストエディタ等で開いて以下の通り修正します。

【修正内容】

CREATE TABLE 文中のストレージエンジンの指定を InnoDB から ndbcluster に修正（リ

*4　http://dev.mysql.com/
*5　http://dev.mysql.com/doc/index-other.html

スト 5.1 およびリスト 5.2 参照)。

リスト 5.1: 修正前の world.sql（City テーブル部分のみ抜粋）

```
CREATE TABLE 'City' (
  'ID' int(11) NOT NULL AUTO_INCREMENT,
  'Name' char(35) NOT NULL DEFAULT '',
  'CountryCode' char(3) NOT NULL DEFAULT '',
  'District' char(20) NOT NULL DEFAULT '',
  'Population' int(11) NOT NULL DEFAULT '0',
  PRIMARY KEY ('ID'),
  KEY 'CountryCode' ('CountryCode'),
  CONSTRAINT 'city_ibfk_1' FOREIGN KEY ('CountryCode') REFERENCES 'Country'
('Code')
) ENGINE=InnoDB AUTO_INCREMENT=4080 DEFAULT CHARSET=latin1;
```

リスト 5.2: 修正後の world.sql（City テーブル部分のみ抜粋）

```
CREATE TABLE 'City' (
  'ID' int(11) NOT NULL AUTO_INCREMENT,
  'Name' char(35) NOT NULL DEFAULT '',
  'CountryCode' char(3) NOT NULL DEFAULT '',
  'District' char(20) NOT NULL DEFAULT '',
  'Population' int(11) NOT NULL DEFAULT '0',
  PRIMARY KEY ('ID'),
  KEY 'CountryCode' ('CountryCode'),
  CONSTRAINT 'city_ibfk_1' FOREIGN KEY ('CountryCode') REFERENCES 'Country'
('Code')
) ENGINE=ndbcluster AUTO_INCREMENT=4080 DEFAULT CHARSET=latin1;  /*
ENGINE=ndbcluster に変更 */
```

world.sql 中には CREATE TABLE 文が 3 つありますので、3 ヵ所とも同様に修正します (※"ENGINE=ndbcluster"は"ENGINE=ndb"と指定しても同じ意味)。

そして、以下の手順で修正した SQL スクリプトを実行してサンプルデータベースを作成します（リスト 5.3)。スクリプト実行時に world データベース（スキーマ）も作成されます。

リスト 5.3: サンプルデータベースの作成

```
$ mysql -u root -h 127.0.0.1 < world.sql
$
$ #作成されたサンプルデータベースを確認
$ mysql -u root -h 127.0.0.1
mysql> use world
mysql> show tables;
+-----------------+
| Tables_in_world |
+-----------------+
| City            |
```

```
| Country          |
| CountryLanguage |
+-----------------+
3 rows in set (0.00 sec)

mysql> show create table City\G
*************************** 1. row ***************************
       Table: City
Create Table: CREATE TABLE `City` (
  `ID` int(11) NOT NULL AUTO_INCREMENT,
  `Name` char(35) NOT NULL DEFAULT '',
  `CountryCode` char(3) NOT NULL DEFAULT '',
  `District` char(20) NOT NULL DEFAULT '',
  `Population` int(11) NOT NULL DEFAULT '0',
  PRIMARY KEY (`ID`),
  KEY `CountryCode` (`CountryCode`),
  CONSTRAINT `city_ibfk_1` FOREIGN KEY (`CountryCode`) REFERENCES `Country`
(`Code`) ON DELETE NO ACTION ON UPDATE NO ACTION
) ENGINE=ndbcluster AUTO_INCREMENT=4080 DEFAULT CHARSET=latin1
1 row in set (0.00 sec)

mysql> select * from City limit 5;
+------+-----------+-------------+-------------+------------+
| ID   | Name      | CountryCode | District    | Population |
+------+-----------+-------------+-------------+------------+
| 1726 | Ebina     | JPN         | Kanagawa    |     115571 |
| 1703 | Abiko     | JPN         | Chiba       |     126670 |
| 1616 | Fukui     | JPN         | Fukui       |     254818 |
|  612 | Port Said | EGY         | Port Said   |     469533 |
| 1101 | Akola     | IND         | Maharashtra |     328034 |
+------+-----------+-------------+-------------+------------+
5 rows in set (0.01 sec)
```

5.2　オンラインバックアップの取得

サンプルデータベースが作成できたので、実際にオンラインバックアップを取得してみましょう。オンラインバックアップは、第 4 章で解説したように管理ノードから「START BACKUP」コマンドを実行することで取得できます。リスト 5.4 では、オンラインバックアップを取得後、取得されたバックアップファイルを確認しています。

リスト 5.4: オンラインバックアップ取得例

```
$ ndb_mgm -e "START BACKUP"
Connected to Management Server at: localhost:1186
Waiting for completed, this may take several minutes
Node 2: Backup 1 started from node 1
```

```
Node 2: Backup 1 started from node 1 completed
 StartGCP: 5265 StopGCP: 5268
 #Records: 7373 #LogRecords: 0
 Data: 498516 bytes Log: 0 bytes
$
$ #取得されたバックアップファイルの確認
$ pwd
/home/mysql/mysqlc/data
$
$ #データノード 1 上のバックアップファイルの確認 (ノード ID は 2)
$ ls data1
BACKUP  ndb_2.pid  ndb_2_fs  ndb_2_out.log
$ ls data1/BACKUP
BACKUP-1
$ ls data1/BACKUP/BACKUP-1
BACKUP-1-0.2.Data  BACKUP-1.2.ctl  BACKUP-1.2.log
$
$ #データノード 2 上のバックアップファイルの確認 (ノード ID は 3)
$ ls data2
BACKUP  ndb_3.pid  ndb_3_fs  ndb_3_out.log
$ ls data2/BACKUP
BACKUP-1
$ ls data2/BACKUP/BACKUP-1
BACKUP-1-0.3.Data  BACKUP-1.3.ctl  BACKUP-1.3.log
```

START BACKUP コマンドを再度実行した場合は、バックアップ ID が増加して 2 になります。そのため、BACKUP サブディレクトリ配下に「BACKUP-2」というディレクトリが作成され、バックアップが取得されます。バックアップファイルのファイル名の命名規則については、第 4 章の表 1 を参照してください。

また、START BACKUP コマンドには以下の 2 つのオプションがあります。

- wait_option：START BACKUP コマンドを実行後、管理クライアントに制御を返すタイミングを指定できる
- snapshot_option：バックアップを開始した時のクラスタの状態をバックアップするか、バックアップが終了した時のクラスタの状態をバックアップするかを指定できる

デフォルトでは、バックアップ完了後に管理クライアントに制御が返り、バックアップが終了した時のクラスタの状態をバックアップします。オプションの詳細については、以下ののマニュアルを参照してください。

18.5.3.2 MySQL Cluster 管理クライアントを使用したバックアップの作成

http://dev.mysql.com/doc/refman/5.6/ja/mysql-cluster-backup-using-management-client.html

5.3　リストアの実行

リストア実行時の考慮事項

リストアを実行する時は「ndb_restore」という専用コマンドを使用します。第4章で解説したようにバックアップファイルを何処かのサーバー1台に集約し、そのサーバーから ndb_restore コマンドを実行します。

ndb_restore は「API ノード」という MySQL Cluster を構成するノードの1つとして動作するため、接続時にノード ID を必要とします。しかし、通常は ndb_restore 用のノード ID を追加するために config.ini を修正する必要はありません。なぜなら、リストア作業中に SQL ノードを停止しておけば、ndb_restore は SQL ノードが使用する予定だったノード ID で接続できるためです（実は SQL ノードは API ノードの1つとして扱われているため、このような動作が可能）。

リストア作業時は、事前に全データノードをイニシャルリスタートし、データファイルを初期化しておきます。一旦全データノードが停止した状態にし、その後それぞれのデータノードをイニシャルリスタートします。また「リストア作業中にアプリケーションからユーザーが接続してしまう」というトラブルを防ぐためにも、シングルユーザーモードにしてからリストア作業を行う方が安全です。

リストアの実行例

リスト 5.5～リスト 5.9 は、リストアの実行例です。先ほど取得したバックアップファイルを別ディレクトリに移して集約した後で、データノードの障害を想定し ndbmtd プロセスを kill しています。その後、全データノードをイニシャルリスタートで起動してデータファイルを初期化し、シングルユーザーモードにした後で ndb_restore を実行してバックアップをリストアしています。

ndb_restore の各オプションの意味は表1を参照してください。各オプションには短縮系も用意されているため、リスト 5.8 では短縮形を用いてコマンドを実行しています。表 5.1 に掲載されていないオプションや各オプションのデフォルト値等の詳細は、以下のマニュアルを参照してください。

18.4.20. ndb_restore — MySQL Cluster バックアップのリストア

http://dev.mysql.com/doc/refman/5.6/ja/mysql-cluster-programs-ndb-restore.html

表 5.1 ndb_restore のオプション

短縮系	オプション名	説明
-c	--connectstring *6	接続文字列
-n	--nodeid *7	バックアップを生成したデータノードのノード ID
-b	--backupid *8	バックアップ ID
-r	--restore_data *9	データのリストアを指示
-m	--restore_meta *10	メタデータ（テーブル定義）のリストアを指示
-e	--restore_epoch *11	Epoch のリストアを指示
なし	--no-binlog *12	リストア作業中のバイナリログ出力停止を指示

リスト 5.5 ではバックアップファイルを集約していますが、この時にバックアップファイルのファイル名を変更してはいけません。ndb_restore はファイル名によってバックアップファイルを識別しているためです。バックアップファイルを別サーバーに集約して管理する際などに、ファイル名を変更しないよう注意してください。

リスト 5.5: バックアップデータの確認とバックアップファイルの集約

```
$ #バックアップ取得時点の City テーブルの行数を確認 (4079 行)
$ mysql -u root -h 127.0.0.1 -e "select count(*) from world.City;"
+----------+
| count(*) |
+----------+
|     4079 |
+----------+
$
$ #バックアップファイルを集約するディレクトリを作成し、各データノードで取得したバックアップファイルをディレクトリごと移動 (ディレクトリ名は変更しても、ファイル名は変更しない)
$ pwd
/home/mysql/mysqlc/data
$ mkdir backup
$ ls ./data1/BACKUP/BACKUP-1
BACKUP-1-0.2.Data  BACKUP-1.2.ctl  BACKUP-1.2.log
```

*6 http://dev.mysql.com/doc/refman/5.6/ja/mysql-cluster-programs-ndb-restore.html#option_ndb_restore_connect
*7 http://dev.mysql.com/doc/refman/5.6/ja/mysql-cluster-programs-ndb-restore.html#option_ndb_restore_nodeid
*8 http://dev.mysql.com/doc/refman/5.6/ja/mysql-cluster-programs-ndb-restore.html#option_ndb_restore_backupid
*9 http://dev.mysql.com/doc/refman/5.6/ja/mysql-cluster-programs-ndb-restore.html#option_ndb_restore_restore_data
*10 http://dev.mysql.com/doc/refman/5.6/ja/mysql-cluster-programs-ndb-restore.html#option_ndb_restore_restore_meta
*11 http://dev.mysql.com/doc/refman/5.6/ja/mysql-cluster-programs-ndb-restore.html#option_ndb_restore_restore_epoch
*12 http://dev.mysql.com/doc/refman/5.6/ja/mysql-cluster-programs-ndb-restore.html#option_ndb_restore_no-binlog

```
$ mv ./data1/BACKUP/BACKUP-1 ./backup/2-BACKUP-1
$ ls ./data2/BACKUP/BACKUP-1
BACKUP-1-0.3.Data  BACKUP-1.3.ctl  BACKUP-1.3.log
$ mv ./data2/BACKUP/BACKUP-1 ./backup/3-BACKUP-1
$
$ #集約したバックアップファイルの確認
$ ls ./backup
2-BACKUP-1  3-BACKUP-1
$ ls ./backup/2-BACKUP-1/
BACKUP-1-0.2.Data  BACKUP-1.2.ctl  BACKUP-1.2.log
$ ls ./backup/3-BACKUP-1/
BACKUP-1-0.3.Data  BACKUP-1.3.ctl  BACKUP-1.3.log
```

リスト 5.6 では、データノードの障害を想定し ndbmtd プロセスを kill しています。その後、ndbmtd プロセスが 1 つも起動していないことを確認しています。

リスト 5.6: データノードの障害を想定し ndbmtd プロセスを kill

```
$ #データノードのプロセスを kill
$ ps -ef | grep ndbmtd
mysql      339 32161  0 14:57 pts/1    00:00:00 grep ndbmtd
mysql    32256     1  0 12:21 ?        00:00:02 ndbmtd -c localhost:1186
mysql    32257 32256  3 12:21 ?        00:05:59 ndbmtd -c localhost:1186
mysql    32318     1  0 12:24 ?        00:00:02 ndbmtd -c localhost:1186
mysql    32319 32318  3 12:24 ?        00:05:36 ndbmtd -c localhost:1186
$ kill 32319 32257
$ ps -ef | grep ndbmtd
mysql      345 32161  0 14:58 pts/1    00:00:00 grep ndbmtd
```

リスト 5.7 では、全データノードをイニシャルリスタートで起動してデータファイルを初期化しています。その後、リストア作業中にアプリケーションユーザーが接続できないように SQL ノードを停止し、シングルユーザーモードへ移行しています。

リスト 5.7: データノードのイニシャルリスタートとシングルユーザーモードへの移行

```
$ #データノードをイニシャルリスタート
$ ndbmtd -c localhost:1186 --initial
$ ndbmtd -c localhost:1186 --initial
$
$ #City テーブルに SELECT 実行 (データファイルが初期化されているため、City テーブルは存在しない)
$ mysql -u root -h 127.0.0.1 -e "select count(*) from world.City;"
ERROR 1146 (42S02) at line 1: Table 'world.City' doesn't exist
$
$ #全 SQL ノードを停止
$ mysqladmin -u root -h 127.0.0.1 shutdown
$ mysqladmin -u root -h 127.0.0.1 -P 3307 shutdown
$
$ #クラスタの状態確認
```

```
$ ndb_mgm -e SHOW
Connected to Management Server at: localhost:1186
Cluster Configuration
---------------------
[ndbd(NDB)]     2 node(s)
id=2    @127.0.0.1  (mysql-5.6.24 ndb-7.4.6, Nodegroup: 0, *)
id=3    @127.0.0.1  (mysql-5.6.24 ndb-7.4.6, Nodegroup: 0)

[ndb_mgmd(MGM)] 1 node(s)
id=1    @127.0.0.1  (mysql-5.6.24 ndb-7.4.6)

[mysqld(API)]   2 node(s)
id=4 (not connected, accepting connect from any host)
id=5 (not connected, accepting connect from any host)

$
$ #シングルユーザーモードに移行（普段 SQL ノードで使用しているノード ID を、1 つだけ指定する）
$ ndb_mgm -e "ENTER SINGLE USER MODE 4"
Connected to Management Server at: localhost:1186
Single user mode entered
Access is granted for API node 4 only.
```

リスト 5.8 では、ndb_restore を実行してバックアップをリストアしています。各データノードで取得したバックアップファイル毎にコマンドを実行する必要があるため、今回の例では 2 回 ndb_restore を実行します（データノードが 4 ノード構成であれば、4 回 ndb_restore を実行）。

メタデータ（テーブル定義）のリストアは、最初に ndb_restore を実行する時だけ必要なため、2 回目以降は不要です。また、Epoch のリストアは 1 回だけで構いません。リスト 5.8 では最後に ndb_restore を実行する時だけ Epoch をリストアしています。Epoch をリストアすると、バックアップ取得時点の Epoch の情報が mysql.ndb_apply_status テーブルに格納されます。Epoch の情報は MySQL Cluster でレプリケーションを構成する時や、バックアップリストア後にバイナリログを使用してロールフォワードリカバリを行う時などに利用します。MySQL Cluster のバイナリログの扱いは通常の MySQL Server と異なる点があります。これは第 7 章、第 8 章で解説します。

今回の環境ではバイナリログを出力していないため、--no-binlog[*13]オプションを指定しても影響がありません。しかし、バイナリログを出力している環境においては、このオプションを指定した方がリストアは早くなります。

リスト 5.8: ndb_restore を実行してバックアップをリストア

*13 http://dev.mysql.com/doc/refman/5.6/ja/mysql-cluster-programs-ndb-restore.html #option_ndb_restore_no-binlog

```
$ #ndb_restore でリストア開始（データノード 1 で取得したバックアップをリストア）
$ ndb_restore -c localhost:1186 -n 2 -b 1 -r -m --no-binlog ./backup/2-BACKUP-1
Nodeid = 2
Backup Id = 1
backup path = ./backup/2-BACKUP-1
Opening file './backup/2-BACKUP-1/BACKUP-1.2.ctl'
File size 31596 bytes
Backup version in files: ndb-6.3.11 ndb version: mysql-5.6.24 ndb-7.4.6
Stop GCP of Backup: 5267
Connected to ndb!!
Successfully restored table 'world/def/CountryLanguage'
<中略>
-----------------------------------------------------
Processing data in table: world/def/Country(15) fragment 0
Opening file './backup/2-BACKUP-1/BACKUP-1.2.log'
File size 52 bytes
Restored 2697 tuples and 0 log entries

NDBT_ProgramExit: 0 - OK

$
$ #リストア途中の状態を確認するために、City テーブルと Epoch の情報を確認
$ #  ・City テーブルには約半分のデータが入っている
$ #  ・Epoch の情報はまだリストアしていないため、mysql.ndb_apply_status テーブルにはデータが
入っていない
$ #(確認のために実施している手順であるため、通常運用時はこの手順は不要)
$ mysqld --defaults-file=/home/mysql/mysqlc/my1.cnf &
$ mysql -u root -h 127.0.0.1 -e "SELECT COUNT(*) FROM world.City";
+----------+
| COUNT(*) |
+----------+
|     2084 |
+----------+
$ mysql -u root -h 127.0.0.1 -e "SELECT COUNT(*) FROM mysql.ndb_apply_status;";
+----------+
| COUNT(*) |
+----------+
|        0 |
+----------+
$ mysqladmin -u root -h 127.0.0.1 shutdown
$
$ #ndb_restore でリストア開始（データノード 2 で取得したバックアップをリストア）
$ ndb_restore -c localhost:1186 -n 3 -b 1 -r -e --no-binlog ./backup/3-BACKUP-1
Nodeid = 3
Backup Id = 1
backup path = ./backup/3-BACKUP-1
Opening file './backup/3-BACKUP-1/BACKUP-1.3.ctl'
File size 31596 bytes
Backup version in files: ndb-6.3.11 ndb version: mysql-5.6.24 ndb-7.4.6
Stop GCP of Backup: 5267
Connected to ndb!!
Opening file './backup/3-BACKUP-1/BACKUP-1-0.3.Data'
<中略>
```

```
------------------------------------------------------
Processing data in table: world/def/Country(15) fragment 1
Opening file './backup/3-BACKUP-1/BACKUP-1.3.log'
File size 52 bytes
Restored 2605 tuples and 0 log entries

NDBT_ProgramExit: 0 - OK
```

リスト 5.9 ではシングルユーザーモードを終了し、SQL ノードを起動してリストアされたデータを確認しています。データがリストアされたことを City テーブルの件数のみで確認していますが、もちろん実データや他のテーブルも正しくリストアされています。実際に試す際には、他のテーブルや実データがリストアされていることも確認してみてください。

リスト 5.9: シングルユーザーモードを終了し SQL ノードを起動してデータを確認

```
$ #シングルユーザーモードを終了し、SQL ノードを起動
$ ndb_mgm -e "EXIT SINGLE USER MODE"
Connected to Management Server at: localhost:1186
Exiting single user mode in progress.
Use ALL STATUS or SHOW to see when single user mode has been exited.
$ mysqld --defaults-file=/home/mysql/mysqlc/my1.cnf &
$ mysqld --defaults-file=/home/mysql/mysqlc/my2.cnf &
$
$ #リストアされていることを確認するために、City テーブルを SELECT
$ mysql -u root -h 127.0.0.1 -e "SELECT COUNT(*) FROM world.City;";
+----------+
| COUNT(*) |
+----------+
|     4079 |
+----------+
$ #Epoch の情報もリストアされていることを確認
$ mysql -u root -h 127.0.0.1 -e "SELECT COUNT(*) FROM mysql.ndb_apply_status;";
+----------+
| COUNT(*) |
+----------+
|        1 |
+----------+
$ mysql -u root -h 127.0.0.1 -e "SELECT * FROM mysql.ndb_apply_status;";
+-----------+----------------+----------+-----------+---------+
| server_id | epoch          | log_name | start_pos | end_pos |
+-----------+----------------+----------+-----------+---------+
|         0 | 22630182682623 |          |         0 |       0 |
+-----------+----------------+----------+-----------+---------+
```

第6章　MySQL Clusterのサイジング

第 6 章では、MySQL Cluster のサイジングについて解説します。

6.1　前提となる環境

本章のコマンド例は、第 2 章でインストールした環境に第 5 章で解説したサンプルデータベース（world データベース）を作成した状態を前提としています（追加設定として、mysql ユーザーの環境変数"PATH"に"/home/mysql/mysqlc/bin"も追加した状態を前提）。

6.2　はじめに

MySQL Cluster を使用する際、データノードのメモリ使用量、ディスク使用量のサイジングは非常に重要です。データノードのメモリが足りなければ、必要なデータをデータノードに格納しきれずにデータ格納処理がエラーになってしまいます。また、ディスク使用量が増加し空き容量が枯渇すれば、最悪の場合システムダウンにもつながります。本章では、このデータノードにおけるメモリ使用量とディスク使用量のサイジングについて解説します。

なお、本章では「性能要件に基づくサイジング」や「ディスクテーブル[*1]を使用した場合のメモリ使用量／ディスク使用量のサイジング」は対象外としています。性能要件に基づくサイジングについては、負荷テスト等を実施してシステム毎に必要なサーバースペックを見積ってください。また、ディスクテーブルを使用した場合のメモリ使用量／ディスク使用量については、本章で解説する内容に加えて、追加の考慮事項があります（ディスクテーブル固有のオブジェクトが使用するメモリ使用量／ディスク使用量と、ディスクテーブルを使用することによって削減できるメモリ使用量)。ディスクテーブルの詳細については、以下のマニュアルを参照してください。

18.5.12 MySQL Cluster ディスクデータテーブル

http://dev.mysql.com/doc/refman/5.6/ja/mysql-cluster-disk-data.html

6.3　MySQL Cluster が使用するインデックスの種類

メモリ使用量、ディスク使用量のサイジングについて解説する前に、MySQL Cluster が使用するインデックスの種類と領域について解説します。インデックスを使用するとその分メモリ／ディスクを消費するので、インデックスの数や種類もサイジングに影響を与える要因となります。MySQL Cluster が使用するインデックスを構造から分類すると表 6.1 のようになります。

表 6.1　MySQL Cluster が使用するインデックスの種類（構造からの分類）

種類	アクセスタイプ	用途	使用領域
ハッシュインデックス（主キー）	一意検索	主キー	IndexMemory
ユニークハッシュインデックス	一意検索	ユニークキー	IndexMemory + DataMemory
オーダードインデックス （T-TREE インデックス）	範囲検索 ソート	全インデックス	DataMemory

ハッシュインデックス（主キー）

テーブルに主キーを付けた時に作成されるインデックスで、レコードの一意性の担保と主キーによる一意検索で使用されます。主キーの値のハッシュ値に基づいて作成されるインデックスであるため、ハッシュインデックスだけでは範囲検索やソートには使えません。そのため、デフォルトではハッシュインデックス作成時に後述のオーダードインデックスも同時に作成され、範囲検索やソート時はオーダードインデックスが使用されます。

ハッシュインデックスはメモリ上の IndexMemory に保持され、ディスク上には保持されません。データノード起動時にローカルチェックポイント（LCP）のデータ（テーブルの実データ）から再作成されます。

＊1　MySQL Cluster はデフォルトではデータをすべてメモリ上に保持するインメモリデータベースとして動作するが、ディスクテーブルを使用することでインデックスが付いていない列だけはディスク上に保持できる。ディスクテーブルという名称だが、実際にはテーブル単位ではなく列単位で保持する領域が変わる。ディスクテーブルを使用するためには、事前の追加設定とメモリ上やディスク上の追加領域が必要となる。

ユニークハッシュインデックス

主キー以外の列にユニークインデックスを作成すると、ユニークハッシュインデックスが作成されます。主キーと同様にキー値の一意性の担保や一意検索で使用されますが、範囲検索やソートには使えません。デフォルトでは、ユニークハッシュインデックス作成時にもオーダードインデックスが同時に作成されます。

ユニークハッシュインデックスはキー値に対応する行データへのポインタではなく、対応する主キーの値を保持しています。そのため、ユニークハッシュインデックスを使って一意検索した場合は、ユニークハッシュインデックスからインデックスを付けているテーブルの主キーの値を判断し、その後主キー（ハッシュインデックス）から対応する値を検索するという動きになります。図 6.1 は、ユニークハッシュインデックスのイメージを図示したものです。

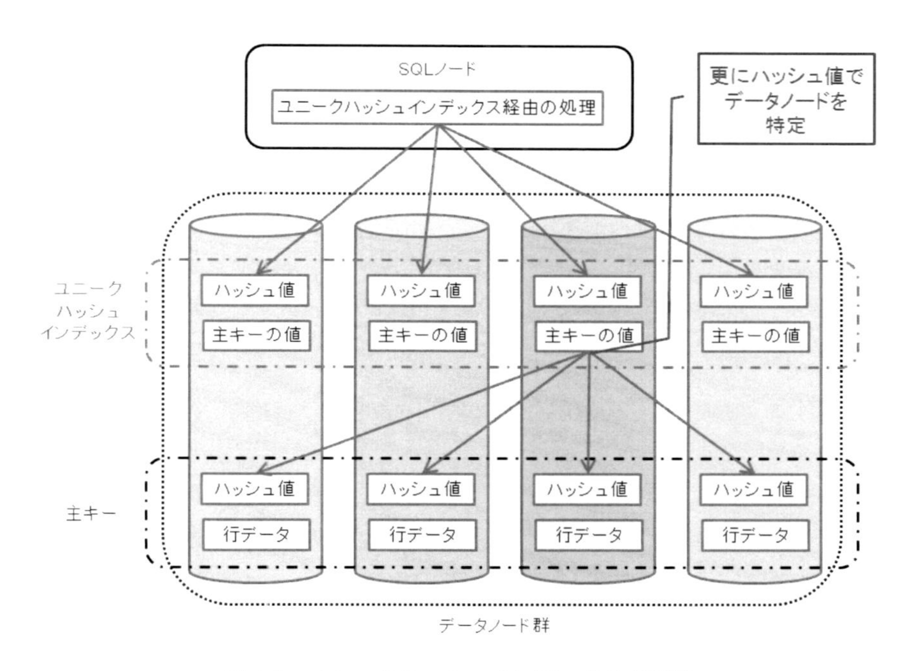

図 6.1　ユニークハッシュインデックスの構造

ユニークハッシュインデックスは、メモリ上の IndexMemory と DataMemory に保持されます。DataMemory 上のデータは LCP によりディスクに書き出されるため、ディスク容量も必要とします。

オーダードインデックス（T-TREE インデックス）

キー値の順序によってソートされたインデックスで、ユニークキーにもノンユニークキーにも使用できます。ハッシュインデックスでは実現できない範囲検索やソートにも使えます。デフォルトではハッシュインデックス、ユニークハッシュインデックスの作成時にオーダードインデックスも同時に作成されます。また、ノンユニークキーにセカンダリインデックス（主キー以外のインデックス）を作成した時には、オーダードインデックスのみが作成されます。

オーダードインデックスは、RDBMS で一般的に用いられる B-TREE インデックスと似た仕組みの T-TREE 構造（B-TREE インデックスがハードディスクなどの補助記憶装置に最適化された構造であるのに対し、T-TREE インデックスは主記憶装置（メモリ）に最適化された構造）になっています。オーダードインデックスという独特の名称を使用していますが、「B-TREE インデックスに似たインデックス」と捉えれば、MySQL Cluster が使用するインデックスの種類を把握しやすくなるのではないでしょうか。

オーダードインデックスは、メモリ上の DataMemory に保持されます。

メモリ／ディスク使用量を削減する工夫

前述の通り、ハッシュインデックス（主キー）およびユニークハッシュインデックス作成時には、デフォルトではオーダードインデックスも一緒に作成されます。範囲検索やソートが不要で一意検索でしかインデックスを使わない場合は、リスト 6.1 のようにインデックス作成時に"USING HASH"句を付けることで、オーダードインデックスを作成せずにハッシュインデックスだけを作成できます。オーダードインデックスを作成しないことにより、その分のメモリ／ディスク使用量を削減できます。

リスト 6.1: ハッシュインデックスのみを作成する例

```
mysql> CREATE TABLE test (
  id INT,
  col1 INT NOT NULL,
  PRIMARY KEY(id) USING HASH,
  UNIQUE KEY idx_col1(col1) USING HASH
) ENGINE=ndbcluster;
```

6.4　メモリ使用量のサイジング

データノードが使用する主要なメモリ領域として、DataMemory*2 と IndexMemory*3 があります。また、1つ1つの要素が確保するメモリ領域は小さいですが、総容量としてはサイズが大きくなる可能性があるものとして、MaxNoOfOrderedIndexes*4などのMaxNoOfで始まるパラメータで指定されるメモリ領域があります。MySQL Clusterでは、これらの見積もりに役立つndb_size.pl*5というPerlスクリプトを用意しています。

ndb_size.plの使用方法

ndb_size.plでメモリ使用量の見積もりをする場合、事前に以下の準備をしておきます。

【事前準備】

- Perl用ドライバ（DBIおよびDBD::mysql）のセットアップ
- MySQL Server*6上にInnoDBを使用して見積もり対象のテーブルを作成し、データも挿入しておく

そして、リスト6.2のようにスクリプトを実行することで、指定したデータベース内のテーブルについて、MySQL Cluster上に作成した場合にどの程度DataMemory、IndexMemoryを消費するかを見積もれます。また、併せて"MaxNoOf～"パラメータに設定すべき最低値も算出できます。

リスト6.2: worldデータベースに対して見積もりをする場合の実行例

```
$ ndb_size.pl --user=root --database=world --host=127.0.0.1
```

ndb_size.plのオプション等の詳細は、以下のマニュアルを参照してください。

18.4.25 ndb_size.pl — NDBCLUSTER サイズ要件エスティメータ

http://dev.mysql.com/doc/refman/5.6/ja/mysql-cluster-programs-ndb-size-pl.html

リスト6.3は、第5章で構築したworldデータベースにndb_size.plを実行した場合の実行例です。最後に出力される"Parameter Minimum Requirements"の部分で最低限必要なパラメータ設定値が確認できます。実行結果に出力されるバージョン番号が4.0、5.0、5.1と本書執筆時

*2 http://dev.mysql.com/doc/refman/5.6/ja/mysql-cluster-ndbd-definition.html#ndbparam-ndbd-datamemory
*3 http://dev.mysql.com/doc/refman/5.6/ja/mysql-cluster-ndbd-definition.html#ndbparam-ndbd-indexmemory
*4 http://dev.mysql.com/doc/refman/5.6/ja/mysql-cluster-ndbd-definition.html#ndbparam-ndbd-maxnooforderedindexes
*5 http://dev.mysql.com/doc/refman/5.6/ja/mysql-cluster-programs-ndb-size-pl.html
*6 MySQL ClusterのSQLノードではなく、通常のMySQL Serverでも可。

点の最新版である 7.4 よりも古くなっていますが、5.1 部分に出力される値を近似値として参照してください。なお、ここではチュートリアル目的で手順を簡単にするため、既に作成しているMySQL Cluster（ndbcluster ストレージエンジン）のテーブルに実行していますが、通常は InnoDB のテーブルに実行します。

リスト 6.3: ndb_size.pl の実行例

```
$ ndb_size.pl --user=root --database=world --host=127.0.0.1
ndb_size.pl report for database: 'world' (3 tables)
--------------------------------------------------
Connected to: DBI:mysql:host=127.0.0.1

Including information for versions: 4.1, 5.0, 5.1

world.CountryLanguage
---------------------

DataMemory for Columns (* means varsized DataMemory):
<<中略>>
Parameter Minimum Requirements
------------------------------
* indicates greater than default

                Parameter          Default              4.1              5.0
5.1
          DataMemory (KB)            81920              640              640
704
       NoOfOrderedIndexes              128                5                5
5
               NoOfTables              128                5                5
5
        IndexMemory (KB)            18432              344              168
168
    NoOfUniqueHashIndexes               64                2                2
2
          NoOfAttributes             1000               28               28
28
            NoOfTriggers              768               31               31
31
```

"NoOf～"については、"MaxNoOf～"パラメータに設定すべき最低値が出力されています（例：NoOfOrderedIndexes の値は MaxNoOfOrderedIndexes に設定すべき最低値）。算出された値に単位あたりのメモリ消費量を乗じて、メモリ消費量の合計値を見積もります。

"MaxNoOf～"パラメータの設定により増減するメモリ消費量

MaxNoOfOrderedIndexes などの設定値を増加させると、その分データノードが確保するメモリ量は増加します。それぞれの設定のデフォルト値と単位あたり（設定値を 1 増加させた時）のメモリ消費量の目安は表 6.2 の通りです。ndb_size.pl の実行結果から消費するメモリ量を見積もる際の参考にしてください（対象バージョンは MySQL Cluster 7.4)。

表 6.2 "MaxNoOf～"のデフォルト値と単位あたりのメモリ消費量の目安

パラメータ	デフォルト値	単位あたりのメモリ消費量の目安
MaxNoOfOrderedIndexes*7	128	10KB
MaxNoOfTables*8	128	20KB
MaxNoOfUniqueHashIndexes*9	64	15KB
MaxNoOfAttributes*10	1000	200B
MaxNoOfTriggers*11	768	400B

データノードの台数と DataMemory、IndexMemory 設定値との関係

ndb_size.pl によって算出された DataMemory、IndexMemory の値は、レプリカを考慮せずに全データノードで保持する必要のあるデータ量です。そのため、データノードの台数やレプリカの数に依存して、データノード 1 台あたりが保持する必要のあるデータ量は変化します。

レプリカの数（NoOfReplicas*12）は通常 2 で使用するため、以下の計算式のように ndb_size.pl によって算出された値を 2 倍した後、データノードの台数で割った値が実際にデータノード 1 台 1 台に設定すべき DataMemory、IndexMemory の最低値になります。

データノード毎に設定すべき DataMemory、IndexMemory の設定値＝

（ndb_size.pl で算出された値× 2）／ データノードの台数

MaxNoOfOrderedIndexes などはすべてのデータノード共通の設定であるため、データノードの台数を増やしてもデータノード 1 台 1 台に設定する値は小さくなりません。ndb_size.pl の実行結果が、そのまま設定すべきパラメータの最低値となります。

*7 http://dev.mysql.com/doc/refman/5.6/ja/mysql-cluster-ndbd-definition.html #ndbparam-ndbd-maxnooforderedindexes
*8 http://dev.mysql.com/doc/refman/5.6/ja/mysql-cluster-ndbd-definition.html #ndbparam-ndbd-maxnooftables
*9 http://dev.mysql.com/doc/refman/5.6/ja/mysql-cluster-ndbd-definition.html #ndbparam-ndbd-maxnoofuniquehashindexes
*10 http://dev.mysql.com/doc/refman/5.6/ja/mysql-cluster-ndbd-definition.html #ndbparam-ndbd-maxnoofattributes
*11 http://dev.mysql.com/doc/refman/5.6/ja/mysql-cluster-ndbd-definition.html #ndbparam-ndbd-maxnooftriggers
*12 http://dev.mysql.com/doc/refman/5.6/ja/mysql-cluster-ndbd-definition.html #ndbparam-ndbd-noofreplicas

6.5　ディスク使用量のサイジング

データノードが必要とする主なディスク領域として、LCP 用の領域と GCP（グローバルチェックポイント）用の領域、バックアップファイル出力用の領域があります。なお、MySQL Cluster 環境でバイナリログを出力した場合、バイナリログは SQL ノードに出力されるため、データノードのディスク領域としてバイナリログの保管領域については考慮不要です。

LCP 用の領域

LCP 用のディスク領域には、DataMemory の 2 倍のサイズを見積もります。

LCP 用のディスク領域のサイズを設定するパラメータはありませんが、LCP は DataMemory 上のデータをディスクに書き出す処理であるため、1 回の LCP によるディスク書き込みは最大で DataMemory と同じサイズを消費します。2 倍のサイズを見積もるのは、LCP により書き込まれたデータはディスク上に 2 世代保管される仕組みになっているためです。

また、CompressedLCP *13 パラメータを設定することで LCP によるディスク出力を圧縮し、使用するディスク容量を抑えることもできます。

GCP 用の領域

GCP 用のディスク領域には、DataMemory の 4 倍程度のサイズを見積ります。第 4 章で解説したように、GCP は LCP よりも細かい間隔で実行されるチェックポイント処理です。データノードの再起動時など最新のデータを復元する時には、LCP によりディスクに書き込まれたデータを読み込んだ後で、GCP によりディスクに書き込まれた REDO ログを適用します。

REDO ログファイルは循環して使用されるため古い情報は上書きされますが、リカバリに必要な（最新データの復元に必要な）REDO ログは上書きされません（リカバリに必要な REDO ログは直近の実行が完了した LCP 以降に出力された REDO ログ）。そのため、REDO ログファイルのサイズが小さすぎると実行中の LCP が完了するまで更新処理がエラーになってしまいます（この場合、すべての更新トランザクションが内部エラーコード 410「Out of log file space temporarily」で失敗する）。このエラーを防ぐには、REDO ログファイルのサイズは余裕をもって大きめのサイズにしておく必要があります。

一方、リカバリに必要な REDO ログが大きくなり過ぎると、データノードの再起動などに時間

*13　http://dev.mysql.com/doc/refman/5.6/ja/mysql-cluster-ndbd-definition.html#ndbparam-ndbd-compressedlcp

がかかり過ぎてしまうという弊害があります。リカバリに必要なREDOログが大きくなり過ぎないようにするための目安として、前回のLCPが完了してから次回のLCPが完了するまでに出力されるREDOログのサイズが、LCPによって書き込まれるデータのサイズ（=DataMemory）を超えないように調整します（調整方法は後述）。LCPにより書き込まれたデータはディスク上に2世代保管されるので、この場合ディスクに保持する必要のあるREDOログのサイズはDataMemoryの2倍となります。しかし、REDOログの出力量は実行される更新処理量に依存するため、安定稼働のためには余裕をもって領域を確保しておく必要があります。そのためのマージンを2倍と考えると、必要なREDOログファイルの総容量はDataMemoryの4倍となります。

REDOログファイルの総容量は次の計算式で求められます。安定稼働には、この計算式の結果がDataMemoryの4倍程度になるように、FragmentLogFileSize*[14]パラメータを増加させます（NoOfFragmentLogFiles*[15]のデフォルト値（16）は一般的にREDOログファイルの数として十分であるため、通常はFragmentLogFileSizeによって調整する）。

REDOログファイルの総容量＝
NoOfFragmentLogFiles * FragmentLogFileSize * 4

REDOログの出力量は実行される更新処理量に依存するため、パラメータで制御できるものではありません。そのため、前述の「前回のLCPが完了してから次回のLCPが完了するまでに出力されるREDOログのサイズ調整」は、LCPの実行速度をパラメータで調整することで制御します*[16]。

LCPの実行速度を向上させるには、LCPが使用するディスクI/O帯域を増加します。具体的にはMinDiskWriteSpeed*[17]、MaxDiskWriteSpeed*[18]、MaxDiskWriteSpeedOtherNodeRestart*[19]、MaxDiskWriteSpeedOwnRestart*[20]パラメータを増加させます。また、これらのパラメータを調整する際はndbinfo.disk_write_speed_base*[21]テーブルの情報が役に立ちます。ndbinfo.disk_write_speed_baseテーブルを参照すると、LCP、GCPによって書き込まれたデータ量などを確認できます。それぞれのパラメータやndbinfo.disk_write_speed_base

*14 http://dev.mysql.com/doc/refman/5.6/ja/mysql-cluster-ndbd-definition.html #ndbparam-ndbd-fragmentlogfilesize
*15 http://dev.mysql.com/doc/refman/5.6/ja/mysql-cluster-ndbd-definition.html #ndbparam-ndbd-nooffragmentlogfiles
*16 通常、LCPは繰り返し実行されているため、これ以上頻度を上げることはできない（TimeBetweenLocalCheckpointsパラメータ（http://dev.mysql.com/doc/refman/5.6/ja/mysql-cluster-ndbd-definition.html#ndbparam-ndbd-timebetweenlocalcheckpoints）でLCPの頻度を制御できるが、デフォルト設定では4Mバイトのデータ更新が行われる毎にLCPが実行される）。

テーブルの詳細については、マニュアルを確認してください。

バックアップファイル出力用の領域

バックアップファイル出力用のディスク領域には、1 世代あたり DataMemory の 3 倍程度のサイズを見積ります。

バックアップファイルには、第 4 章で解説したように「データノードが保持しているデータ」と「バックアップ取得中に実行されたトランザクションによる変更」が含まれます。「バックアップ取得中に実行されたトランザクションによる変更」は更新処理量に依存するため一律に決まるわけではありません。しかし、前述の GCP による REDO ログ出力と同様に 1 回の LCP が完了する間にバックアップの取得が完了すると仮定して必要領域を考えると、安定稼働のためのマージンを含めて 1 世代あたり DataMemory の約 2 倍の領域が必要となります。そのため、「データノードが保持しているデータ（=DataMemory）」と合わせて 1 世代あたり DataMemory の 3 倍の領域を確保しておきます。

また、データノードの CompressedBackup*22 パラメータを設定することでバックアップファイルの出力を圧縮し、使用するディスク容量を抑えることもできます。

---

*17 http://dev.mysql.com/doc/refman/5.6/ja/mysql-cluster-ndbd-definition.html#ndbparam-ndbd-mindiskwritespeed
*18 http://dev.mysql.com/doc/refman/5.6/ja/mysql-cluster-ndbd-definition.html#ndbparam-ndbd-maxdiskwritespeed
*19 http://dev.mysql.com/doc/refman/5.6/ja/mysql-cluster-ndbd-definition.html#ndbparam-ndbd-maxdiskwritespeedothernoderestart
*20 http://dev.mysql.com/doc/refman/5.6/ja/mysql-cluster-ndbd-definition.html#ndbparam-ndbd-maxdiskwritespeedownrestart
*21 http://dev.mysql.com/doc/refman/5.6/ja/mysql-cluster-ndbinfo-disk-write-speed-base.html
*22 http://dev.mysql.com/doc/refman/5.6/ja/mysql-cluster-ndbd-definition.html#ndbparam-ndbd-compressedbackup

第7章　MySQL Clusterにおけるレプリケーションの基礎

第7章では、MySQL Clusterにおけるレプリケーションのメリットや仕組み、注意事項について解説します。

7.1　前提となる環境

本章のコマンド例は、第2章でインストールした環境に第5章で解説したサンプルデータベース（worldデータベース）を作成した状態を前提としています（追加設定としてmysqlユーザーの環境変数"PATH"に"/home/mysql/mysqlc/bin"も追加した状態を前提）。

7.2　レプリケーションのメリットと主な用途

MySQL Clusterでは、通常のMySQL Serverと同様の仕組みでマスターからスレーブへバイナリログを転送してレプリケーションを構築できるため、MySQL Serverのレプリケーション運用ノウハウを活かせます。また、MySQL ClusterからMySQL Clusterへレプリケーションするだけでなく、MySQL Clusterから通常のMySQL Serverへレプリケーションを行なうこともできます。

MySQL Clusterでレプリケーションを使用する主な用途は、次の通りです。

- ディザスタリカバリサイトを構築する（MySQL ClusterからMySQL Clusterへのレプリケーション）
- MySQL Clusterが苦手なクエリをMySQL Serverで処理する（MySQL Clusterから

MySQL Serverへのレプリケーション）

ディザスタリカバリサイトを構築する

例えば東京と大阪のような地理的に離れた場所にそれぞれMySQL Clusterを構成し、それらをレプリケーションで連携することで実現できます。

MySQL Clusterが苦手なクエリをMySQL Serverで処理する

通常のMySQL Serverと比べた場合にMySQL Clusterが苦手なクエリとは、範囲検索やテーブルの全件データを検索するようなスキャン系の処理や、複数テーブルを結合するJOIN処理です。MySQL Clusterは内部で自動的にデータをシャーディング（分割して複数のサーバーに分散）しているため、クエリの実行結果を返すノード間のネットワーク通信時間もレスポンスタイムに影響を与える要因となります。そしてスキャン系の処理やJOIN処理を実行した場合は、SQLノードが複数のデータノードと通信したり、データノード間で通信したりする必要があるため、1件だけデータを取り出す処理と比べてネットワーク通信時間がレスポンスタイムに与える影響が大きくなります。また、多重処理を実行する環境ではノード間のデータ処理がネットワーク帯域を圧迫してしまい、ボトルネックとなるケースもあります。

そこでMySQL ClusterからMySQL Serverにレプリケーションを構成し、このようなクエリをMySQL Serverで処理することで、それぞれのノード間でのネットワーク通信時間に依存したレスポンスタイムの悪化を改善したり、ネットワーク帯域の圧迫によるボトルネック発生を防いだりできるようになります。

7.3　MySQL Clusterのレプリケーションの仕組み

前述したように、MySQL ClusterのレプリケーションにはMySQL Serverのレプリケーション運用ノウハウを活かせますが、MySQL Cluster固有の仕組みや注意事項もあります。

MySQL Clusterのバイナリログ出力

バイナリログはデータベースの更新内容を記録しているログファイルです。通常のMySQL Serverでデータベースを更新できるのはMySQL Serverが稼働しているサーバー1台だけですが、MySQL Cluster環境では複数のSQLノードがあり、それぞれのSQLノードからデータベースを更新できるため、バイナリログを出力している SQL ノードは自ノード以外で実行した更新内容もバイナリログに記録する必要があります。

そのための仕組みが「Binlog Injector」と呼ばれる、通常の MySQL Server にはない MySQL Cluster の SQL ノード固有のスレッドです。MySQL Cluster を構成している SQL ノードでバイナリログを出力すると、その SQL ノード上にある Binlog Injector スレッドがデータノードでの更新内容を受け取り、直列化（Epoch でソート）してバイナリログに書き込みます（図 7.1)。

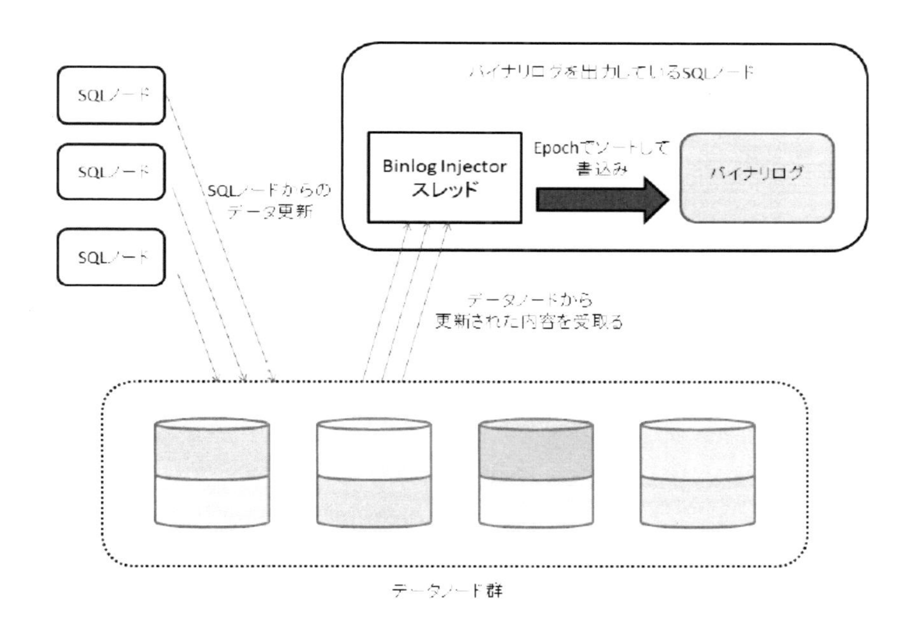

図 7.1　MySQL Cluster 環境でのバイナリログ出力

第 4 章で解説したように、同じ Epoch の更新内容は同じ時間帯に更新された内容となるため、Epoch でソートしてバイナリログに書き込むことで、スレーブにレプリケーションした際も同じ内容（順番）でデータを更新できます。

Epoch との対応を記録しているテーブル（表 7.1）

MySQL Cluster のレプリケーションでは、Epoch を基準にバイナリログのファイル名やポジションを判断するケースがあります。その際に参照する Epoch との対応を記録しているテーブルが ndb_binlog_index*1です。また、スレーブ側でバイナリログの内容をどこまで（どの Epoch まで）反映しているかを記録するテーブルが ndb_apply_status[*2]です。いずれも mysql データベース内のテーブルです。

表 7.1　Epoch との対応を記録しているテーブル

名称	存在場所	ストレージエンジン	内容
ndb_binlog_index	マスター	MyISAM	Epoch とバイナリログファイル／ポジションの対応関係を記録
ndb_apply_status	スレーブ	NDB	スレーブ側でバイナリログの内容をどの Epoch まで反映したかを記録

MySQL Cluster でレプリケーションを構成する場合、通常はマスター側の 2〜3 台の SQL ノードでバイナリログ出力を有効にします（理由は後述）。そのため SQL ノード毎に Epoch とバイナリログポジションの対応を確認できるように、ndb_binlog_index テーブルのストレージエンジンは NDB ではなく MyISAM になっています。

一方、スレーブ側でバイナリログの内容をどの Epoch まで反映したかを確認する際は、全 SQL ノードから同じ情報を確認できる必要があるため、ndb_apply_status テーブルは NDB ストレージエンジンを使用しています。

SQL ノード 1、2 でバイナリログ出力を有効にし、データ更新後にそれぞれの SQL ノードで ndb_binlog_index を確認した例がリスト 7.1〜リスト 7.4 です。Epoch を基準に情報を確認すると、同じ Epoch の情報が異なるバイナリログファイルに出力されていることが分かります。

まず、SQL ノード 1 に接続して現在のバイナリログ出力と Epoch を確認します（リスト 7.1）。

リスト 7.1: 現在のバイナリログ出力と Epoch を確認

```
# SQL ノード 1 に接続
$ mysql -u root -h 127.0.0.1

# バイナリログの出力状況を確認
mysql> SHOW MASTER LOGS;
+---------------+-----------+
| Log_name      | File_size |
+---------------+-----------+
| binlog.000001 |       120 |
+---------------+-----------+
1 row in set (0.00 sec)

# 現在の Epoch を確認 (latest_epoch が現在の Epoch)
mysql> SHOW ENGINE NDB STATUS\G
```

*1　https://dev.mysql.com/doc/refman/5.6/ja/mysql-cluster-replication-schema.html
*2　https://dev.mysql.com/doc/refman/5.6/ja/mysql-cluster-replication-schema.html

```
<中略>
*************************** 15. row ***************************
  Type: ndbcluster
  Name: binlog
Status: latest_epoch=103671920590854, latest_trans_epoch=103633265885196,
latest_received_binlog_epoch=103671920590854,
latest_handled_binlog_epoch=103671920590854,
latest_applied_binlog_epoch=103568841375758
15 rows in set (0.01 sec)
```

次にデータを追加（INSERT）し、SHOW ENGINE NDB STATUS の結果からデータ追加時の Epoch を確認します（リスト 7.2）。latest_trans_epoch には、この SQL ノードで実行された最後のトランザクションの Epoch が出力されるため、latest_trans_epoch の値からデータ追加時の Epoch を判断できます。

リスト 7.2: データを追加し、データ追加時の Epoch を確認

```
# データを追加
mysql> INSERT INTO world.City VALUES(10000,'TEST','JPN','TEST',0);
Query OK, 1 row affected (0.00 sec)

# データ更新時の Epoch を確認 (latest_trans_epoch= 103779294773259)
mysql> SHOW ENGINE NDB STATUS\G
<中略>
*************************** 16. row ***************************
  Type: ndbcluster
  Name: binlog
Status: latest_epoch=103809359544320, latest_trans_epoch=103779294773259,
latest_received_binlog_epoch=103809359544320,
latest_handled_binlog_epoch=103809359544320,
latest_applied_binlog_epoch=103779294773259
16 rows in set (0.00 sec)
```

続いて、ndb_binlog_index から Epoch とバイナリログ出力の対応を確認します（リスト 7.3）。リスト 7.2 で確認した Epoch（103779294773259）の情報が、SQL ノード 1 では binlog.000001 のポジション 120 に記録されていることが判断できます。

リスト 7.3: ndb_binlog_index の確認例（SQL ノード 1）

```
mysql> SELECT * FROM mysql.ndb_binlog_index WHERE epoch=103779294773259\G
*************************** 1. row ***************************
     Position: 120
         File: ./binlog.000001
        epoch: 103779294773259
      inserts: 1
      updates: 0
      deletes: 0
```

```
      schemaops: 0
 orig_server_id: 0
    orig_epoch: 0
           gci: 24163
 next_position: 504
     next_file: ./binlog.000001
1 row in set (0.00 sec)
```

最後に、同じ Epoch の情報が SQL ノード 2 においてどのバイナリログに出力されているかを確認します（リスト 7.4）。リスト 7.3 と同様の手順で ndb_binlog_index を確認すると、Epoch（103779294773259）の情報が SQL ノード 2 では binlog.000004 のポジション 187648 に記録されており、同じ Epoch の情報が SQL ノード毎に異なるバイナリログファイル／ポジションに出力されていることが確認できます。

リスト 7.4: ndb_binlog_index の確認例（SQL ノード 2）

```
# SQL ノード 2 に接続
$ mysql -u root -h 127.0.0.1 -P 3307

# バイナリログの出力状況を確認
mysql> SHOW MASTER LOGS;
+---------------+-----------+
| Log_name      | File_size |
+---------------+-----------+
| binlog.000001 |      1284 |
| binlog.000002 |       504 |
| binlog.000003 |       204 |
| binlog.000004 |    188032 |
+---------------+-----------+
4 rows in set (0.00 sec)

# ndb_binlog_index から、Epoch とバイナリログ出力の対応を確認
mysql> SELECT * FROM mysql.ndb_binlog_index WHERE epoch=103779294773259\G
*************************** 1. row ***************************
      Position: 187648
          File: ./binlog.000004
         epoch: 103779294773259
       inserts: 1
       updates: 0
       deletes: 0
     schemaops: 0
orig_server_id: 0
   orig_epoch: 0
          gci: 24163
 next_position: 188032
     next_file: ./binlog.000004
1 row in set (0.00 sec)
```

マルチマスターレプリケーション構成時の競合検出ロジック

2組のMySQL Clusterがマスター／スレーブで双方向にレプリケーションを行うマルチマスターレプリケーションを構成した場合に、同じデータを両方のMySQL Clusterで更新した場合のデータ競合の検出や、検出したデータ競合を自動解決するためのロジックがあらかじめ用意されています（通常のMySQL Serverではこのようなロジックは用意されていないため、マルチマスターレプリケーションを構成した場合は競合検出ロジック自体をアプリケーション側に組み込む必要がある）。

MySQL Clusterでマルチマスターレプリケーションを構成した場合の競合検出の詳細については、以下のマニュアルを参照してください。

18.6.11 MySQL Cluster レプリケーションの競合解決

https://dev.mysql.com/doc/refman/5.6/ja/mysql-cluster-replication-conflict-resolution.html

7.4　レプリケーションの注意事項

MySQL Cluster環境でレプリケーションを使用する場合の注意事項について解説します。

レプリケーションチャネルを多重化する必要がある

SQLノードのBinlog Injectorスレッドは、SQLノードがデータノードに接続している時のみ機能します。つまり、SQLノードが停止していたり、再起動したりしている間に他のSQLノードから行われた更新内容はバイナリログに記録されません。予期せぬ障害やローリングリスタートなどで特定のSQLノードが停止する可能性に備えて、あるSQLノードが停止している間の更新内容を別のSQLノードで記録するため複数のSQLノードでバイナリログ出力を有効にし、レプリケーションチャネルを多重化する必要があります。

バイナリログ出力を有効にしているSQLノードが再起動すると、データに欠落が生じた可能性があることを示す「LOST_EVENTS」がバイナリログ内に記録されます。そして、このイベントを受け取ったスレーブはエラーとしてレプリケーションを停止します。

リスト7.5〜リスト7.8はLOST_EVENTSの確認例です。明示的にSQLノードを停止していますが、障害によりSQLノードが停止した場合でも、同様のLOST_EVENTSがバイナリログ内に記録されます。まず、現在のバイナリログのポジションと内容を確認します（リスト7.5）。現在のポジションはbinlog.000001の120です。

リスト7.5: 現在のバイナリログ出力を確認

```
# 現在のバイナリログを確認
$ mysql -u root -h 127.0.0.1
mysql> SHOW MASTER LOGS;
+---------------+-----------+
| Log_name      | File_size |
+---------------+-----------+
| binlog.000001 |       120 |
+---------------+-----------+
1 row in set (0.00 sec)

mysql> SHOW BINLOG EVENTS IN 'binlog.000001';
+---------------+-----+-------------+-----------+-------------+---------------+
| Log_name      | Pos | Event_type  | Server_id | End_log_pos | Info          |
+---------------+-----+-------------+-----------+-------------+---------------+
| binlog.000001 |   4 | Format_desc |         1 |         120 | Server ver:
5.6.24-ndb-7.4.6-cluster-gpl-log, Binlog ver: 4 |
+---------------+-----+-------------+-----------+-------------+---------------+
1 row in set (0.00 sec)
```

次に SQL ノードを再起動してバイナリログの出力状況を再度確認すると、自動的にバイナリログがローテーションされて binlog.000003 まで出力されていました。また binlog.000001 の内容を"SHOW BINLOG EVENTS"で確認しましたが、特別なイベントは含まれていませんでした（リスト 7.6）。

リスト 7.6: SQL ノードを再起動し、再度バイナリログの出力状況を確認

```
# SQL ノードを再起動
$ mysqladmin -u root -h 127.0.0.1 shutdown
$ mysqld --defaults-file=/home/mysql/mysqlc/my1.cnf &

# 再度、バイナリログの出力状況を確認
$ mysql -u root -h 127.0.0.1
mysql> SHOW MASTER LOGS;
+---------------+-----------+
| Log_name      | File_size |
+---------------+-----------+
| binlog.000001 |       143 |
| binlog.000002 |       204 |
| binlog.000003 |       120 |
+---------------+-----------+
3 rows in set (0.00 sec)

mysql> SHOW BINLOG EVENTS IN 'binlog.000001';
+---------------+-----+-------------+-----------+-------------+---------------+
| Log_name      | Pos | Event_type  | Server_id | End_log_pos | Info          |
+---------------+-----+-------------+-----------+-------------+---------------+
| binlog.000001 |   4 | Format_desc |         1 |         120 | Server ver:
5.6.24-ndb-7.4.6-cluster-gpl-log, Binlog ver: 4 |
| binlog.000001 | 120 | Stop        |         1 |         143 |               |
+---------------+-----+-------------+-----------+-------------+---------------+
```

```
2 rows in set (0.00 sec)
```

続いて binlog.000002 の内容を確認すると（リスト 7.7)、LOST_EVENTS が記録されていることが確認できました（binlog.000003 には特別な出力はなかった)。

リスト 7.7: LOST_EVENTS が記録されているバイナリログ

```
mysql> SHOW BINLOG EVENTS IN 'binlog.000002';
+---------------+-----+-------------+-----------+-------------+---------------+
| Log_name      | Pos | Event_type  | Server_id | End_log_pos | Info          |
+---------------+-----+-------------+-----------+-------------+---------------+
| binlog.000002 |   4 | Format_desc |         1 |         120 | Server ver:
5.6.24-ndb-7.4.6-cluster-gpl-log, Binlog ver: 4 |
| binlog.000002 | 120 | Incident    |         1 |         160 | #1
(LOST_EVENTS)                                                 |
| binlog.000002 | 160 | Rotate      |         1 |         204 | binlog.000003;
pos=4                                           |
+---------------+-----+-------------+-----------+-------------+---------------+
3 rows in set (0.00 sec)

mysql> SHOW BINLOG EVENTS IN 'binlog.000003';
+---------------+-----+-------------+-----------+-------------+---------------+
| Log_name      | Pos | Event_type  | Server_id | End_log_pos | Info          |
+---------------+-----+-------------+-----------+-------------+---------------+
| binlog.000003 |   4 | Format_desc |         1 |         120 | Server ver:
5.6.24-ndb-7.4.6-cluster-gpl-log, Binlog ver: 4 |
+---------------+-----+-------------+-----------+-------------+---------------+
1 row in set (0.00 sec)
```

別の確認方法として、mysqlbinlog コマンドを使用した場合の例がリスト 7.8 です。出力結果に"Incident: LOST_EVENTS"が含まれていることを確認できます。

リスト 7.8: mysqlbinlog での確認例

```
$ mysqlbinlog binlog.000002
/*!50530 SET @@SESSION.PSEUDO_SLAVE_MODE=1*/;
/*!40019 SET @@session.max_insert_delayed_threads=0*/;
/*!50003 SET
<中略>
# at 120
#151005 10:17:48 server id 1  end_log_pos 160 CRC32 0x27fcc2f5
# Incident: LOST_EVENTS
RELOAD DATABASE; # Shall generate syntax error
<中略>
# End of log file
ROLLBACK /* added by mysqlbinlog */;
/*!50003 SET COMPLETION_TYPE=@OLD_COMPLETION_TYPE*/;
/*!50530 SET @@SESSION.PSEUDO_SLAVE_MODE=0*/;
```

LOST_EVENTS によりレプリケーションが停止した場合は、マスターのバイナリログ出力を継続している別の SQL ノードに接続し直してレプリケーションを再開します。スレーブの ndb_apply_status を参照して反映済みの Epoch を確認後、マスターの ndb_binlog_index を参照してバイナリログのファイル名とポジションを確認します。ndb_apply_status や ndb_binlog_index を参照してレプリケーションを開始する方法の具体例は、第 8 章で解説します。

バイナリログ出力を有効にするとノード間の通信量が増大する

SQL ノードでバイナリログ出力を有効にすると、データノードでの更新内容を SQL ノードに伝達するためノード間の通信量が増大します。その分他の処理に使用できる帯域が減りパフォーマンスの悪化につながる可能性があるため、バイナリログを出力する SQL ノード数は必要最低限にします。一般的には 2〜3 つの SQL ノードでバイナリログ出力を有効にすると良いでしょう。

バイナリログのフォーマットは ROW にする（ROW になる）

MySQL Cluster のバイナリログはデータノードで更新された内容を SQL ノードに伝達して書き込まれますが、データノードではどのようなステートメント (SQL 文) によりデータが更新されたのかを把握していません。そのためバイナリログのフォーマットは必然的に ROW となり、行ベースのレプリケーションが行われます。my.cnf の設定値として"binlog_format=MIXED"や"binlog_format=STATEMENT"のほかデフォルト設定（binlog_format=MIXED）で使用することもできますが、自動的に行ベースレプリケーションが行われます。混乱を避けるためにも、明示的に"binlog_format=ROW"を指定する方が良いでしょう。

第8章　MySQL Clusterにおけるレプリケーション環境構築例

第８章では、MySQL Cluster におけるレプリケーション環境構築の具体例について解説します。

8.1　前提となる環境

本章のコマンド例は、第２章でインストールした環境に第５章で解説したサンプルデータベース（world データベース）を作成した状態を前提としています（追加設定として mysql ユーザーの環境変数"PATH"に"/home/mysql/mysqlc/bin"も追加した状態を前提)。

8.2　レプリケーション環境構築の流れ

レプリケーション環境の構築は、以下の手順で行います。大まかな流れは通常の MySQL Server でレプリケーション環境を構築する手順と同様ですが、手順 6、7 は MySQL Cluster 固有の手順です。また、バックアップの取得／リストア方法などは MySQL Cluster 用の手順で実施する必要があります。

【レプリケーション環境の構築手順】

1. マスター／スレーブの MySQL Cluster をセットアップする
2. マスター／スレーブにレプリケーション用の設定を行う
3. マスター上にレプリケーション用のユーザーを作成する
4. マスターでオンラインバックアップを取得する

5. スレーブへデータをリストアする
6. スレーブの ndb_apply_status テーブルからスレーブに反映済みの Epoch を確認する
7. マスターの ndb_binlog_index テーブルからマスターのバイナリログ情報を確認する
8. レプリケーションの設定を行う（CHANGE MASTER TO コマンドを実行）
9. レプリケーションを開始する（START SLAVE を実行）

マスターとスレーブを新規でセットアップした直後にレプリケーションを構成する場合は、マスターにまだデータが入っておらず、バイナリログも記録されていないため、上記手順の 4～7 を省略できます。

本章では ndb_apply_status、ndb_binlog_index の確認方法を解説するため、マスターにデータが入っている状態からレプリケーション環境を構築していきます。

8.3　レプリケーション環境構築の具体例

構築する環境の説明

ここではチュートリアルが目的のため、1 台のサーバー内に 2 組の MySQL Cluster 環境を構築してレプリケーションを構成します。構築済みの MySQL Cluster 環境（冒頭の「前提となる環境」を参照）をマスターとし、追加で図 8.1 の構成で MySQL Cluster 環境を構築してスレーブとします。

それぞれの環境の配置ディレクトリ、設定ファイル名、ポート番号などを表 8.1 に示します。マスターとスレーブでノード ID が重複していますが、管理ノードが異なるため問題はありません（ノード ID を config.ini で指定しなかった場合はそれぞれの MySQL Cluster に自動採番で割り当てられるため、マスターとスレーブで重複する）。

レプリケーション環境構築手順

1. マスター／スレーブの MySQL Cluster をセットアップする

マスターは構築済みのため、追加でスレーブの MySQL Cluster をセットアップします。第 2 章を参考に、図 8.1 の構成で MySQL Cluster をセットアップしてください。なお、以下のパラメータはそれぞれの環境に応じて変更する必要があります。

config.ini

- DataDir*1　　※ [ndb_mgmd] セクション、[ndbd] セクションに存在

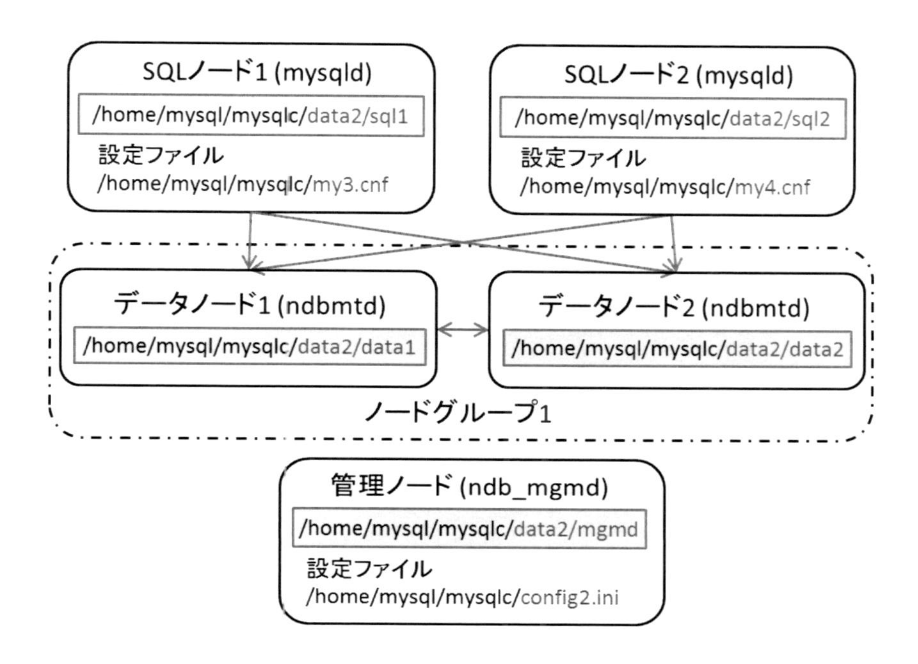

図 8.1　スレーブの MySQL Cluster 環境

表 8.1　レプリケーションを構成する MySQL Cluster 環境一覧

役割	種類	配置ディレクトリ /home/mysql/mysqlc 配下	設定ファイル	ポート番号	ノード ID	server_id
マスター	管理ノード	data/mgmd	config.ini	1186	1	-
マスター	データノード 1	data/data1	config.ini	-	2	-
マスター	データノード 2	data/data2	config.ini	-	3	-
マスター	SQL ノード 1	data/sql1	my1.cnf	3306	4	1
マスター	SQL ノード 2	data/sql2	my2.cnf	3307	5	2
スレーブ	管理ノード	data2/mgmd	config2.ini	1187	1	-
スレーブ	データノード 1	data2/data1	config2.ini	-	2	-
スレーブ	データノード 2	data2/data2	config2.ini	-	3	-
スレーブ	SQL ノード 1	data2/sql1	my3.cnf	3308	4	3
スレーブ	SQL ノード 2	data2/sql2	my4.cnf	3309	5	4

- PortNumber*2　※ [ndb_mgmd] セクションに存在（config2.ini に追記）

my.cnf

- ndb-connectstring*3
- server_id*4
- datadir*5

- port[*6]
- socket[*7]

参考情報として、スレーブの config.ini およびスレーブの my.cnf（SQL ノード 1 用）をそれぞれリスト 8.1、リスト 8.2 に示します。マスター用の config.ini ではポート番号を明示的に指定せずにデフォルトのポート番号（1186）を使用していましたが、スレーブ用の config.ini では重複を避けるため明示的にポート番号を指定する必要があります。そのため、リスト 8.1 では [ndb_mgmd] セクションに PortNumber の設定を追記しています。

リスト 8.1: 手順 1：スレーブ用の config.ini（config2.ini）の内容

```
#管理ノードの設定項目
[ndb_mgmd]
DataDir = /home/mysql/mysqlc/data2/mgmd/
HostName = localhost
PortNumber = 1187

#データノード共通の設定項目
[ndbd default]
#データの多重化の数 2-4 が指定可能
NoOfReplicas = 2

#各データノードの個別設定項目
[ndbd]
DataDir = /home/mysql/mysqlc/data2/data1/
[ndbd]
DataDir = /home/mysql/mysqlc/data2/data2/

#各 SQL ノードの個別設定項目
[mysqld]
[mysqld]
```

リスト 8.2: 手順 1：スレーブ用の my.cnf（my3.cnf）の内容

*1　http://dev.mysql.com/doc/refman/5.6/ja/mysql-cluster-mgm-definition.html#ndbparam-mgmd-datadir
*2　http://dev.mysql.com/doc/refman/5.6/ja/mysql-cluster-mgm-definition.html #ndbparam-mgmd-portnumber
*3　https://dev.mysql.com/doc/refman/5.6/ja/mysql-cluster-program-options-mysqld.html #option_mysqld_ndb-connectstring
*4　https://dev.mysql.com/doc/refman/5.6/ja/server-system-variables.html#sysvar_server_id
*5　https://dev.mysql.com/doc/refman/5.6/ja/server-options.html#option_mysqld_datadir
*6　https://dev.mysql.com/doc/refman/5.6/ja/server-options.html#option_mysqld_port
*7　https://dev.mysql.com/doc/refman/5.6/ja/server-options.html#option_mysqld_socket

```
#SQL ノードの設定項目
[mysqld]
ndbcluster
ndb-connectstring = localhost:1187

#1 つの OS 上で複数の SQL ノードを起動するための設定項目
#別の SQL ノードではそれぞれの値を変更する
server_id =  3
datadir = /home/mysql/mysqlc/data2/sql1/
port = 3308
socket = /tmp/mysql3.sock

#/usr/local/mysql 以外にプログラムを展開した際に必要な設定
#通常の MySQL サーバーでも同様
basedir = /home/mysql/mysqlc
```

2. マスター／スレーブにレプリケーション用の設定を行う

レプリケーション用のバイナリログを出力するため、マスター／スレーブの SQL ノードにリスト 8.3 を設定します（my1.cnf〜my4.cnf にそれぞれ追記）。第 7 章で解説したように、混乱を避けるために binlog_format=ROW も明示的に設定しています。

リスト 8.3: 手順 2：my.cnf への追記内容

```
#レプリケーション用の設定
log-bin=binlog
binlog_format=ROW
```

3. マスター上にレプリケーション用のユーザーを作成する

スレーブがマスターへログインするためのレプリケーション用ユーザーを作成します。マスターの SQL ノードへ接続し、リスト 8.4 の SQL を実行します。この例ではレプリケーション用のユーザー名を'repl'、パスワードを'repl' としていますが、任意で変更可能です。

リスト 8.4: 手順 3：レプリケーション用のユーザー作成 SQL

```
$ # マスターの SQL ノードに接続して実行
mysql> GRANT REPLICATION SLAVE ON *.* TO 'repl'@'localhost' IDENTIFIED BY
'repl';
```

4. マスターでオンラインバックアップを取得する

マスターで START BACKUP コマンドを実行し、オンラインバックアップを取得します。オンラインバックアップ取得方法の詳細は、第 5 章を参照してください。

5. スレーブへデータをリストアする

手順 4 で取得したバックアップをスレーブへリストアします。データのリストアは ndb_restore コマンドで行いますが、この方法では SQL ノードが保持するスキーマ（データベース）の情報はリストアされません。そのため、事前にスレーブの SQL ノードに接続してリスト 8.5 の SQL を実行し、マスターに存在していた world データベースを作成しておきます。

リスト 8.5: 手順 5：world データベースの作成（スレーブ側に作成）

```
$ # スレーブの SQL ノードに接続して実行
mysql> CREATE DATABASE world;
```

その後、スレーブで ndb_restore コマンドを実行してデータをリストアします。なお、スレーブで実行するため-c オプションの指定はリスト 8.6 のように「localhost:1187」になることに注意してください。また、ndb_restore コマンドの使用方法の詳細は第 5 章を参照してください。

リスト 8.6 ではバックアップ ID 3 を指定してコマンドを実行していますが、この部分には手順 4 を実行した際のバックアップ ID を指定してください（バックアップ ID は START BACKUP 実行後の出力からも確認可能。バックアップ ID 3 の場合の出力例「Node 2: Backup 3 started from node 1 completed」）。

リスト 8.6: 手順 5：スレーブへのデータリストア例

```
$ # スレーブへデータをリストア（「-c localhost:1187」はスレーブの管理ノードを指定）
$ ndb_restore - c localhost:1187 - n 2 - b 3 - r - m - no-binlog
/home/mysql/mysqlc/data/data1/BACKUP/BACKUP-3
$ ndb_restore -c localhost:1187 -n 3 -b 3 -r -e --no-binlog
/home/mysql/mysqlc/data/data2/BACKUP/BACKUP-3
```

6. スレーブの ndb_apply_status テーブルからスレーブに反映済みの Epoch を確認する

スレーブの SQL ノードに接続し、リスト 8.7 の手順で ndb_apply_status からスレーブに反映済みの Epoch を確認します。リスト 8.7 の例では、反映済みの Epoch が 8834747727871 になっています。

リスト 8.7: 手順 6：スレーブへ反映済みの Epoch を確認

```
$ # スレーブの SQL ノードに接続して実行（ポート：3308 はスレーブの SQL ノード 1）
$ mysql -u root -h 127.0.0.1 -P 3308 -e "SELECT MAX(epoch) FROM
mysql.ndb_apply_status;"
8834747727871
```

7. マスターの ndb_binlog_index テーブルからマスターのバイナリログ情報を確認する

マスターの ndb_binlog_index テーブルから、先ほどスレーブで確認した Epoch 以降のバイナリログファイル名/ポジションを確認します。手順 4 のオンラインバックアップ取得以降にマスターでトランザクションが実行されていないと、対応するバイナリログファイル名/ポジションが確認できないため、リスト 8.8 では先にマスターでトランザクションを実行してから ndb_binlog_index テーブルを検索しています（トランザクションが実行されていない場合は、オンラインバックアップ取得以降の Epoch の情報が ndb_binlog_index テーブルに追記されていないため、リスト 8.8 の SQL で対応するバイナリログファイル名/ポジションが特定できない）。

リスト 8.8: 手順 7：ndb_binlog_index テーブルから対応するバイナリログファイル名/ポジションを確認

```
$ # マスターの SQL ノード 1 に接続して実行
mysql> INSERT INTO world.City VALUES(10005,'TEST','JPN','TEST',0);
Query OK, 1 row affected (0.03 sec)
mysql> SELECT File,Position,epoch FROM mysql.ndb_binlog_index WHERE
epoch>8834747727871 ORDER BY epoch ASC LIMIT 1;
+-----------------+----------+---------------+
| File            | Position | epoch         |
+-----------------+----------+---------------+
| ./binlog.000007 |      120 | 9019431321605 |
+-----------------+----------+---------------+
1 row in set (0.00 sec)
```

8. レプリケーションの設定を行う（スレーブで CHANGE MASTER TO コマンドを実行）

スレーブの SQL ノードに接続して、先ほど確認したマスターの SQL ノードへの接続方法、バイナリログのファイル名、バイナリログポジションを指定してレプリケーションの設定を行います。リスト 8.9 では、マスターの SQL ノード 1 のバイナリログファイル binlog.000007、バイナリログファイルポジション 120 を指定してコマンドを実行しています（手順 7 で確認したバイナリログファイル名、ポジションを指定）。

リスト 8.9: 手順 8：レプリケーションの設定（CHANGE MASTER TO コマンドを実行）

```
$ # スレーブの SQL ノードに接続して実行
mysql> CHANGE MASTER TO MASTER_HOST='localhost', MASTER_USER='repl',
MASTER_PASSWORD='repl', MASTER_PORT=3306, MASTER_LOG_FILE='binlog.000007',
MASTER_LOG_POS=120;
```

9. レプリケーションを開始する（スレーブで START SLAVE を実行）

スレーブの SQL ノードに接続してリスト 8.10 のように START SLAVE を実行し、レプリケーションを開始します。

リスト 8.10: 手順 9：レプリケーションの開始

```
$ # スレーブの SQL ノードに接続して実行
mysql> START SLAVE;
```

レプリケーションの稼働確認

レプリケーション環境が構築できたら、マスターでデータを更新し、更新内容がスレーブに伝搬されることを確認してください。リスト 8.11 では、マスターの world.City テーブルにデータを追加し、そのデータがスレーブでも検索できることを確認しています。

リスト 8.11: レプリケーションの稼働確認例

```
$ # マスターの world.City テーブルの件数を確認（ポート：3306 はマスターの SQL ノード 1)
$ mysql -u root -h 127.0.0.1 -P 3306 -e "SELECT COUNT(*) FROM world.City;";
+----------+
| COUNT(*) |
+----------+
|     4079 |
+----------+

$ # スレーブの world.City テーブルの件数を確認（ポート：3308 はスレーブの SQL ノード 1)
$ mysql -u root -h 127.0.0.1 -P 3308 -e "SELECT COUNT(*) FROM world.City;";
+----------+
| COUNT(*) |
+----------+
|     4079 |
+----------+

$ # マスターの world.City テーブルへデータを INSERT(ポート：3306 はマスターの SQL ノード 1)
$ mysql -u root -h 127.0.0.1 -P 3306 -e "INSERT INTO world.City
VALUES(10001,'TEST','JPN','TEST',0);"

$ # スレーブの world.City テーブルの件数を確認（ポート：3308 はスレーブの SQL ノード 1)
```

```
$ mysql -u root -h 127.0.0.1 -P 3308 -e "SELECT COUNT(*) FROM world.City;";
+----------+
| COUNT(*) |
+----------+
|     4080 |
+----------+

$ # スレーブの world.City テーブルからデータを SELECT(ポート：3308 はスレーブの SQL ノード 1)
$ mysql -u root -h 127.0.0.1 -P 3308 -e "SELECT * FROM world.City WHERE
ID=10001;";
+-------+------+-------------+----------+------------+
| ID    | Name | CountryCode | District | Population |
+-------+------+-------------+----------+------------+
| 10001 | TEST | JPN         | TEST     |          0 |
+-------+------+-------------+----------+------------+
```

第9章　MySQL Clusterにおけるチューニングの基礎

第9章では、MySQL Cluster におけるチューニングの基礎について解説します。

9.1　スループットを向上させる

MySQL Cluster は、大量の細かいトランザクションを並列で捌くことに最適化されています。反対に、一度のトランザクションで大量のレコードを更新することは苦手です。そのため、まずは全体的なチューニングの方針として、「並列処理を最適化してスループット（単位時間あたりの処理量）を向上させる」というチューニング手法について解説します。

データノードで同時実行するスレッドの数をチューニングする

データノードのプロセス ndbmtd は、マルチスレッドに対応しています。最近の CPU はマルチコア化が進んでいますので、データノードが稼働しているサーバーの CPU 数に合わせて同時実行するスレッドの数をチューニングすることで、スループットの向上が期待できます。具体的には、MaxNoOfExecutionThreads[*1] パラメータをデータノードが稼働しているサーバーの物理 CPU コア数に合わせて設定します（デフォルト値は 2、最大値は 72）。

MaxNoOfExecutionThreads を 16 以上に設定する場合は、NoOfFragmentLogParts[*2] をデフォルト値より増加させる必要があります（デフォルト値は 4、最大値は 32）。NoOfFragmentLogParts は 4 の倍数で設定しますが、LDM（Local Data Manager）スレッ

*1　https://dev.mysql.com/doc/refman/5.6/ja/mysql-cluster-ndbd-definition.html#ndbparam-ndbmtd-maxnoofexecutionthreads

ドの数より大きな値を設定しておく必要があるためです。MaxNoOfExecutionThreads を 16 以上に設定する場合は、以下のマニュアルから MaxNoOfExecutionThreads を増加させた時の LDM スレッド数を確認し、その数に応じて NoOfFragmentLogParts を調整してください。

18.3.2.6 MySQL Cluster データノードの定義：MaxNoOfExecutionThreads
https://dev.mysql.com/doc/refman/5.6/ja/mysql-cluster-ndbd-definition.html#ndbparam-ndbmtd-maxnoofexecutionthreads

また、MaxNoOfExecutionThreads を設定するよりも厳密にチューニングしたい場合は、ThreadConfig*3パラメータを設定できます。MaxNoOfExecutionThreads は同時実行するスレッドの数を設定するのみで、どの CPU コアがどのスレッドを実行するかは明確に制御できません。しかし、ThreadConfig を使用すると特定の CPU コアに特定のスレッドを明示的に割り当てることができ、より厳密にチューニングできます。ThreadConfig の詳細は以下のマニュアルで解説されていますので、ThreadConfig を使用する場合は参考にしてください。

18.3.2.6 MySQL Cluster データノードの定義：ThreadConfig
https://dev.mysql.com/doc/refman/5.6/ja/mysql-cluster-ndbd-definition.html#ndbparam-ndbmtd-threadconfig

参考情報として、MaxNoOfExecutionThreads や ThreadConfig のチューニングについて、日本ヒューレット・パッカード株式会社様の検証結果が公開されています。検証結果からは、SQL ノードが 2 台の状態で MaxNoOfExecutionThreads や ThreadConfig を調整することでデータノードの CPU がより多く使用され、スループットが MaxNoOfExecutionThreads を用いてチューニングした場合で約 1.7 倍、ThreadConfig を用いてチューニングした場合で約 2 倍に向上していることが確認できます（該当内容の検証結果は 11~19 ページ、25 ページに掲載）。

MySQL Cluster でもフラッシュドライブを活用してみる
http://h50146.www5.hp.com/services/ci/opensource/pdfs/HP_OpenServices.pdf

SQL ノードからデータノードへの接続数を増加する

並列で実行する処理数が多い場合、SQL ノードからデータノードへの接続数を増加させることで、スループットを向上できる場合があります。SQL ノードからデータノードへの接続数を増加させたい場合は、SQL ノードの my.cnf に ndb-cluster-connection-pool*4を設定し、2 以上の値

*2　https://dev.mysql.com/doc/refman/5.6/ja/mysql-cluster-ndbd-definition.html#ndbparam-ndbmtd-nooffragmentlogparts
*3　https://dev.mysql.com/doc/refman/5.6/ja/mysql-cluster-ndbd-definition.html#ndbparam-ndbmtd-threadconfig

を設定します。第 3 章でも解説しましたが、SQL ノードからデータノードへの接続毎に NodeId が割り振られるため、ndb-cluster-connection-pool を 2 以上に設定する場合は config.ini 内の［mysqld］セクションを対応する数だけ増やす必要があることに注意してください。

ndb-cluster-connection-pool についても、前述の日本ヒューレット・パッカード株式会社様の検証結果では、チューニングによる効果が測定されています。検証結果からは、ndb-cluster-connection-pool をチューニングすることで SQL ノードが 1 台の状態でスループットが約 2 倍に、SQL ノードが 2 台の状態でスループットが約 4 倍に向上していることが確認できます（該当内容の検証結果は 20~25 ページに掲載）。

トランザクションを細かく分割する

バッチ処理などで大量レコードを更新する必要がある場合は、処理を細かい単位に分割して少しずつ更新する方が結果的に高速になります。また、分割したトランザクションを並列で処理できる場合は、並列実行することでスループットの向上が期待できます。「何行毎に更新するのが最適か？」という点は、環境やテーブル定義にも依存するため一概に決められるものではありませんが、1000 行程度を 1 つの目安としてください。また、一度に大量レコードを更新すると、MaxNoOfConcurrentOperations や RedoBuffer の上限値に引っかかって処理がエラーになる場合がありますが、トランザクションを細かく分割することでこれらのエラー回避にもつながります。

9.2　SQL をチューニングする

通常の MySQL Server と同様に、インデックスを活用するなどして SQL をチューニングすることは MySQL Cluster においても有効です。第 7 章で解説したように、MySQL Cluster は通常の MySQL Server と比べて JOIN 処理が苦手であるため、ここでは MySQL Cluster における JOIN 処理の高速化に関するトピックを解説します。

AQL により JOIN を高速化する

MySQL Cluster 7.2 以降では、JOIN 処理を高速化する AQL（Adaptive Query Localization）というアルゴリズムが実装されています。これにより、従来は苦手だった JOIN 処理のパフォー

*4　http://dev.mysql.com/doc/refman/5.6/ja/mysql-cluster-program-options-mysqld.html #option_mysqld_ndb-cluster-connection-pool

マンスが大幅に改善されています。AQL はデフォルトで有効になっているため、使用するために特別な準備は必要ありません。しかし、どのような JOIN にも対応しているわけではなく、次のような制限があります。

【AQL の制限事項】

- JOIN 対象の列の型は、両方のテーブルでまったく同じデータ型でないといけない
  (例：INT と BIGINT は両方整数型だが、まったく同じデータ型ではないため AQL が使用できない。INT と SMALLINT 等の組み合わせについても同様)
- BLOB または TEXT 列を参照する SQL は AQL が使用できない
- FOR UPDATE 文は AQL が使用できない
- AQL が使える JOIN のアクセスタイプは ref、eq_ref、const のみ
- パーティションテーブルへのアクセスは AQL が使用できない

MySQL Cluster で JOIN 処理を行う場合は、上記の制限に引っかからないように JOIN を実現できないか検討し、制限に引っかからない場合は SQL の実行計画を EXPLAIN コマンド*5 で確認して AQL が使用できるかどうか確認しましょう。AQL が使用できる場合は、EXPLAIN コマンドの Extra フィールドに"pushed join"というキーワードが出力されます。

BKA と MRR により JOIN を高速化する

MySQL Server 5.6 以降では、BKA（Batched Key Access）と MRR（Multi Range Read）という JOIN 処理を高速化できるアルゴリズムが使用できます。そして MySQL Cluster 7.3、7.4 では SQL ノードに MySQL Server 5.6 を使用しており、これらのアルゴリズムは NDB ストレージエンジンにおいても有効であるため、BKA と MRR を使用することで JOIN 処理が高速化できる可能性があります。

BKA はデフォルトで無効化されています。また、MRR はデフォルトで有効化されていますが、オプティマイザが MRR をほぼ選択しない状態に設定されています。そのため、BKA と MRR を使用する場合は、JOIN 処理を実行する前にリスト 9.1 のコマンドを実行するなどして、SQL ノードの optimizer_switch*6 パラメータの設定を変更する必要があります。

リスト 9.1: BKA と MRR の有効化

---

*5　https://dev.mysql.com/doc/refman/5.6/ja/explain.html
*6　https://dev.mysql.com/doc/refman/5.6/ja/server-system-variables.html#sysvar_optimizer_switch

```
mysql> SET optimizer_switch='mrr=on,mrr_cost_based=off,batched_key_access=on';
```

SQL の実行計画を EXPLAIN コマンドで確認した時に、type フィールドが ref または eq_ref であり、Extra フィールドに Using join buffer（Batched Key Access）が含まれる場合は BKA が使用できます。また、Extra フィールドに Using MRR が含まれる場合は MRR が使用できます。BKA と MRR の詳細については、以下のマニュアルを参照してください。

8.2.1.14.3 Batched Key Access 結合

https://dev.mysql.com/doc/refman/5.6/ja/bnl-bka-optimization.html#bka-optimization

8.2.1.13 Multi-Range Read の最適化

https://dev.mysql.com/doc/refman/5.6/ja/mrr-optimization.html

9.3 その他のチューニング TIPS

ODirect を有効にする

通常の MySQL Server のチューニング手法としてもよく知られた手法ですが、Linux 環境における MySQL Cluster のデータノードにおいても多くの場合有効です。O_DIRECT（Direct I/O）を使用することでページキャッシュを経由せずにデバイスへの書き込みを行い、CPU 使用率の低下が期待できます。マニュアル[*7]でも、「Linux 上で MySQL Cluster を使用するときに 2.6 以降のカーネルを使用する場合は、ODirect を有効にしてください。」と明記されています（デフォルト値は false であるため、明示的に有効にする必要あり）。

コンサルティングサポートを活用して、チューニングに関する問合せをする

MySQL Cluster には、GPL ライセンスで提供されているオープンソース版以外に、「MySQL Cluster CGE（Cluster Carrier Grade Edition）[*8]」という商用版があります。MySQL Cluster CGE では、商用版のみで使用できる「MySQL Cluster Manager[*9]」（MySQL Cluster 環境を効率的に管理できる管理ツール）などの便利な追加機能が使えるという利点に加え、サポートサービスも利用できます。そして、このサポートサービスには「コンサルティングサポート[*10]」というメニューも含まれており、SQL チューニングやサーバー全体のチューニングもサポート

*7 https://dev.mysql.com/doc/refman/5.6/ja/mysql-cluster-ndbd-definition.html #ndbparam-ndbd-odirect

範囲内となっています。そのため、商用版を契約すれば MySQL Cluster のプロフェッショナルからチューニングに関する問合せに回答してもらうこともできます。

*8　https://www-jp.mysql.com/products/cluster/
*9　https://www-jp.mysql.com/products/cluster/mcm/
*10　https://www-jp.mysql.com/support/consultative.html

第10章　Distribution Awareness とパーティショニングテーブルを活用したチューニング

第 10 章では Think IT Books のみの特典として、Think IT の連載では解説していない Distribution Awareness とパーティショニングテーブルを活用したチューニングについて解説します。

10.1　Distribution Awareness とは？

「Distribution Awareness」とは、アクセス対象のレコードがどのデータノードに存在するかを考慮して、トランザクションコーディネーター（以下、TC）を決定することです。

MySQL Cluster でトランザクションを処理する場合、データノード上の TC が 1 つのトランザクションの始まりから終わりまでを制御します。トランザクション内でアクセスするレコードが TC とは別のデータノード上に存在する場合は、図 10.1 のように TC から各データノードに指示が出て、それぞれのデータノードから SQL ノードに直接レコードが返されます。

そのため、以下のように動作する方がアクセスするデータノードの数を減らせるため、効率的にトランザクションを処理できます。

1. トランザクション内でアクセスするレコードが、全て 1 つのデータノード上に存在する
2. アクセスするレコードが存在するデータノード上の TC が選択される

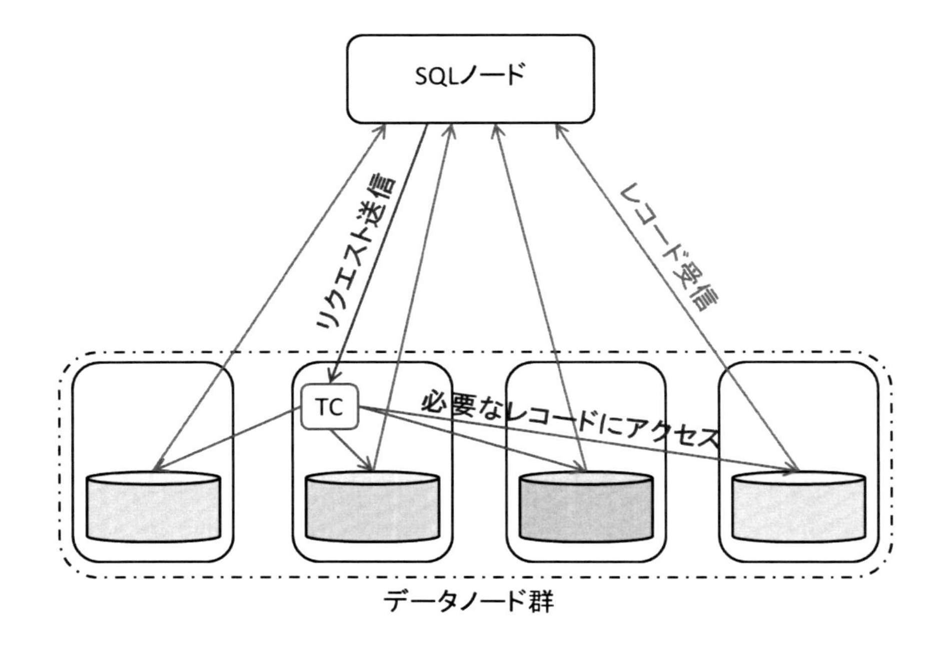

図 10.1　レコードが SQL ノードに返される動き

2 については、デフォルトの設定で出来る限りこのように動作するようになっています。関連する設定と TC が選択されるタイミングを解説します。

TC が選択されるタイミングと選択方法

トランザクションにおける最初のクエリ実行時に、どのデータノード上に存在する TC を使用するかが決定されます。最初のクエリで TC が決定した後は、その TC がトランザクションの始まりから終わりまでを制御します（1 つのトランザクション内で TC は変更されない）。また、TC の選択方法は SQL ノードの設定 ndb-optimized-node-selection に依存します。

デフォルトの設定（ndb-optimized-node-selection=3）では Distribution Awareness が有効になっており、以下のように出来る限りレコードが存在するデータノード上の TC を選択する動きになっています。

- レコードが存在するデータノードが特定できる場合は、そのデータノード上の TC を使用する
- クエリがスキャン系の処理であった場合など、レコードが存在するデータノードが特定できない場合は、データノードとの近接性[*1]が高い TC を選択する

ndb-optimized-node-selection の詳細は、以下のマニュアルを参照してください。

18.3.4.3 MySQL Cluster のシステム変数：ndb_optimized_node_selection

https://dev.mysql.com/doc/refman/5.6/ja/mysql-cluster-system-variables.html#sysvar_ndb_optimized_node_selection

10.2 パーティショニングテーブルを使用してデータの分散方法を変更する

MySQL Cluster では、挿入されたレコードを主キーのハッシュ値に基づいて各データノードに分散していることは第1章で解説した通りですが、実はパーティショニングテーブルを使用するとデータの分散方法を変更できます。パーティショニングテーブルを使用した場合、パーティショニングキーのハッシュ値に基づいてレコードが分散されます。

そのため、パーティショニングテーブルを活用することで、パーティショニングキーの等価検索によるスキャン処理についても、前述の「トランザクション内でアクセスするレコードが、1つのデータノード上に存在する」という条件を満たせる場合があります。

ただし、パーティショニングキーには、どの列でも無条件に指定できる訳ではありません。MySQL のパーティショニングテーブルでは、「テーブル内の全ての一意キー（主キー含む）にパーティショニングキーの全てのカラムが含まれる必要がある」という制限事項があるためです。パーティショニングキーに関する制限事項詳細については、以下のマニュアルを参照してください。

19.6 パーティショニングの制約と制限

19.6.1 パーティショニングキー、主キー、および一意キー

https://dev.mysql.com/doc/refman/5.6/ja/partitioning-limitations-partitioning-keys-unique-keys.html

具体例を示すために、第5章で作成したサンプルデータベースの CountryLanguage テーブルを例に説明します。

CountryLanguage テーブルの定義はリスト 10.1 の通りで、主キーは CountryCode 列と Language 列の組み合わせです。そのため、同じ CountryCode のレコードであっても、Language の値が違えば別のデータノードに分散されます（偶然同じデータノードに配置されることはあり

＊1 「ソケット接続 → localhost との TCP 接続、SCI 接続 → localhost 以外のホストからの TCP 接続」の順で近接性が低くなる。

得る）。

リスト 10.1: CountryLanguage テーブルのテーブル定義

```
CREATE TABLE `CountryLanguage` (
  `CountryCode` char(3) NOT NULL DEFAULT '',
  `Language` char(30) NOT NULL DEFAULT '',
  `IsOfficial` enum('T','F') NOT NULL DEFAULT 'F',
  `Percentage` float(4,1) NOT NULL DEFAULT '0.0',
  PRIMARY KEY (`CountryCode`,`Language`),
  KEY `CountryCode` (`CountryCode`),
  CONSTRAINT `countryLanguage_ibfk_1` FOREIGN KEY (`CountryCode`) REFERENCES
`Country` (`Code`)
) ENGINE=ndbcluster DEFAULT CHARSET=latin1;
```

CountryLanguage テーブルの定義をリスト 10.2 のように変更し、CountryCode 列をキーとしたパーティショニングテーブルにした場合は、同じ CountryCode のレコードを同じデータノード上に配置できます。

リスト 10.2: CountryLanguage テーブルをパーティション化（KEY パーティション、パーティション数=8）

```
CREATE TABLE `CountryLanguage` (
  `CountryCode` char(3) NOT NULL DEFAULT '',
  `Language` char(30) NOT NULL DEFAULT '',
  `IsOfficial` enum('T','F') NOT NULL DEFAULT 'F',
  `Percentage` float(4,1) NOT NULL DEFAULT '0.0',
  PRIMARY KEY (`CountryCode`,`Language`),
  KEY `CountryCode` (`CountryCode`),
  CONSTRAINT `countryLanguage_ibfk_1` FOREIGN KEY (`CountryCode`) REFERENCES
`Country` (`Code`)
) ENGINE=ndbcluster DEFAULT CHARSET=latin1
  PARTITION BY KEY (CountryCode) PARTITIONS 8;
```

ちなみに、CountryLanguage テーブルの一意キーは主キーだけであるため、このテーブルのパーティショニングキーに指定できる列は CountryCode 列、Language 列、CountryCode 列と Language 列の組み合わせとなります。

パーティショニングテーブルを使用した場合のデータ分散状況確認例

リスト 10.2 のパーティショニングテーブルを使用し、同じ CountryCode のレコードが 1 つのデータノード上に配置できていることを確認する例を解説します。

各レコードがどのデータノード上に配置されているかは特定できませんが、ndbinfo.memory_per_fragment テーブルからフラグメント毎のメモリ割り当て状況と、そのフラグメントが配置されているデータノードを特定できます。ndbinfo.memory_per_fragment の詳細は、以下のマニュアルを参照してください。

18.5.10.17 ndbinfo memory_per_fragment テーブル

https://dev.mysql.com/doc/refman/5.6/ja/mysql-cluster-ndbinfo-memory-per-fragment.html

以下の例では、CountryCode が JPN のレコードと SWE のレコードを挿入してメモリの割り当て状況を確認することで、各レコードがどのデータノード上に配置されているかを確認しています。まず Country テーブルを再作成し、Code 列が JPN と SWE のデータを挿入します（リスト 10.3）。

リスト 10.3: Country テーブルの再作成

```
mysql> DROP DATABASE world;
mysql> CREATE DATABASE world;
mysql> USE world;
mysql>
mysql> CREATE TABLE `Country` (
    ->   `Code` char(3) NOT NULL DEFAULT '',
    ->   `Name` char(52) NOT NULL DEFAULT '',
    ->   `Continent` enum('Asia','Europe','North America','Africa','Oceania',
              'Antarctica','South America') NOT NULL DEFAULT 'Asia',
    ->   `Region` char(26) NOT NULL DEFAULT '',
    ->   `SurfaceArea` float(10,2) NOT NULL DEFAULT '0.00',
    ->   `IndepYear` smallint(6) DEFAULT NULL,
    ->   `Population` int(11) NOT NULL DEFAULT '0',
    ->   `LifeExpectancy` float(3,1) DEFAULT NULL,
    ->   `GNP` float(10,2) DEFAULT NULL,
    ->   `GNPOld` float(10,2) DEFAULT NULL,
    ->   `LocalName` char(45) NOT NULL DEFAULT '',
    ->   `GovernmentForm` char(45) NOT NULL DEFAULT '',
    ->   `HeadOfState` char(60) DEFAULT NULL,
    ->   `Capital` int(11) DEFAULT NULL,
    ->   `Code2` char(2) NOT NULL DEFAULT '',
    ->   PRIMARY KEY (`Code`)
    -> ) ENGINE=ndbcluster DEFAULT CHARSET=latin1;
Query OK, 0 rows affected (0.25 sec)

mysql>
mysql> INSERT INTO `Country` VALUES ('JPN','Japan','Asia','Eastern
Asia',377829.00,-660,126714000,80.7,3787042.00,4192638.00,'Nihon/Nippon',
'Constitutional Monarchy','Akihito',1532,'JP');
mysql> INSERT INTO `Country` VALUES ('SWE','Sweden','Europe','Nordic
Countries',449964.00,836,8861400,79.6,226492.00,227757.00,'Sverige',
'Constitutional Monarchy','Carl XVI Gustaf',3048,'SE');
```

続いて CountryLanguage テーブルを再作成し、ndbinfo.memory_per_fragment からメモリ

割り当て状況を確認します（リスト 10.4）。この時点ではデータを挿入していないため、それぞれのフラグメントにメモリは割り当てられていません。

リスト 10.4: CountryLanguage テーブルの再作成とメモリ割り当て状況の確認

```
mysql> CREATE TABLE 'CountryLanguage' (
    ->   'CountryCode' char(3) NOT NULL DEFAULT '',
    ->   'Language' char(30) NOT NULL DEFAULT '',
    ->   'IsOfficial' enum('T','F') NOT NULL DEFAULT 'F',
    ->   'Percentage' float(4,1) NOT NULL DEFAULT '0.0',
    ->   PRIMARY KEY ('CountryCode','Language'),
    ->   KEY 'CountryCode' ('CountryCode'),
    ->   CONSTRAINT 'countryLanguage_ibfk_1' FOREIGN KEY ('CountryCode')
REFERENCES 'Country' ('Code')
    -> ) ENGINE=ndbcluster DEFAULT CHARSET=latin1;
Query OK, 0 rows affected (0.27 sec)

mysql>
mysql> SELECT node_id, fq_name, fragment_num, fixed_elem_alloc_bytes FROM
ndbinfo.memory_per_fragment WHERE type='User table' AND fq_name LIKE
'%CountryLanguage';
+---------+---------------------------+--------------+------------------------+
| node_id | fq_name                   | fragment_num | fixed_elem_alloc_bytes |
+---------+---------------------------+--------------+------------------------+
|       2 | world/def/CountryLanguage |            0 |                      0 |
|       2 | world/def/CountryLanguage |            1 |                      0 |
|       3 | world/def/CountryLanguage |            0 |                      0 |
|       3 | world/def/CountryLanguage |            1 |                      0 |
+---------+---------------------------+--------------+------------------------+
8 rows in set (0.02 sec)
```

CountryLanguage テーブルに CountryCode=JPN のデータを複数件挿入し、メモリ割り当て状況を確認します（リスト 10.5）。それぞれのフラグメントにメモリが割り当てられていることが分かります（CountryCode=JPN のレコードは、各データノードに分散されている）。

リスト 10.5: CountryLanguage テーブルへのデータ挿入、メモリ割り当て状況確認

```
mysql> INSERT INTO `CountryLanguage` VALUES ('JPN','Ainu','F',0.0);
mysql> INSERT INTO `CountryLanguage` VALUES ('JPN','Chinese','F',0.2);
mysql> INSERT INTO `CountryLanguage` VALUES ('JPN','English','F',0.1);
mysql> INSERT INTO `CountryLanguage` VALUES ('JPN','Japanese','T',99.1);
mysql> INSERT INTO `CountryLanguage` VALUES ('JPN','Korean','F',0.5);
mysql> INSERT INTO `CountryLanguage` VALUES ('JPN','Philippene
Languages','F',0.1);
mysql>
mysql> SELECT node_id, fq_name, fragment_num, fixed_elem_alloc_bytes FROM
ndbinfo.memory_per_fragment WHERE type='User table' AND fq_name LIKE
'%CountryLanguage';
+---------+---------------------------+--------------+------------------------+
```

```
| node_id | fq_name                    | fragment_num | fixed_elem_alloc_bytes |
+---------+----------------------------+--------------+------------------------+
|       2 | world/def/CountryLanguage |            0 |                  32768 |
|       2 | world/def/CountryLanguage |            1 |                  32768 |
|       3 | world/def/CountryLanguage |            0 |                  32768 |
|       3 | world/def/CountryLanguage |            1 |                  32768 |
+---------+----------------------------+--------------+------------------------+
4 rows in set (0.04 sec)
```

CountryCode 列をキーにして CountryLanguage テーブルをパーティション化して再作成します（リスト 10.6）。この例では KEY パーティショニングを使って 8 つのパーティションに分割しています。この時点ではデータが挿入されていないためメモリは割り当てられていませんが、8 つのパーティション（フラグメント）が各データノードに配置されている事がわかります。

リスト 10.6: CountryLanguage テーブルをパーティション化し、メモリ割り当て状況を確認

```
mysql> DROP TABLE CountryLanguage;
mysql> CREATE TABLE `CountryLanguage` (
    ->   `CountryCode` char(3) NOT NULL DEFAULT '',
    ->   `Language` char(30) NOT NULL DEFAULT '',
    ->   `IsOfficial` enum('T','F') NOT NULL DEFAULT 'F',
    ->   `Percentage` float(4,1) NOT NULL DEFAULT '0.0',
    ->   PRIMARY KEY (`CountryCode`,`Language`),
    ->   KEY `CountryCode` (`CountryCode`),
    ->   CONSTRAINT `countryLanguage_ibfk_1` FOREIGN KEY (`CountryCode`)
REFERENCES `Country` (`Code`)
    -> ) ENGINE=ndbcluster DEFAULT CHARSET=latin1
    ->   PARTITION BY KEY (CountryCode) PARTITIONS 8;
Query OK, 0 rows affected (0.27 sec)

mysql>
mysql> SELECT node_id, fq_name, fragment_num, fixed_elem_alloc_bytes FROM
ndbinfo.memory_per_fragment WHERE type='User table' AND fq_name LIKE
'%CountryLanguage';
+---------+----------------------------+--------------+------------------------+
| node_id | fq_name                    | fragment_num | fixed_elem_alloc_bytes |
+---------+----------------------------+--------------+------------------------+
|       2 | world/def/CountryLanguage |            0 |                      0 |
|       2 | world/def/CountryLanguage |            1 |                      0 |
|       2 | world/def/CountryLanguage |            2 |                      0 |
|       2 | world/def/CountryLanguage |            3 |                      0 |
|       2 | world/def/CountryLanguage |            4 |                      0 |
|       2 | world/def/CountryLanguage |            5 |                      0 |
|       2 | world/def/CountryLanguage |            6 |                      0 |
|       2 | world/def/CountryLanguage |            7 |                      0 |
|       3 | world/def/CountryLanguage |            0 |                      0 |
|       3 | world/def/CountryLanguage |            1 |                      0 |
|       3 | world/def/CountryLanguage |            2 |                      0 |
|       3 | world/def/CountryLanguage |            3 |                      0 |
|       3 | world/def/CountryLanguage |            4 |                      0 |
```

```
|       3 | world/def/CountryLanguage |            5 |                     0 |
|       3 | world/def/CountryLanguage |            6 |                     0 |
|       3 | world/def/CountryLanguage |            7 |                     0 |
+---------+---------------------------+--------------+-----------------------+
16 rows in set (0.03 sec)
```

先ほどと同じく、CountryLanguage テーブルに CountryCode=JPN のデータを複数件挿入し、メモリ割り当て状況を確認します（リスト 10.7）。fragment_num=6 のフラグメントにのみメモリが割り当てられていることから、同じ CountryCode のデータが同じフラグメント（同じデータノード）上に配置されていることが確認できます。

リスト 10.7: CountryLanguage テーブル（パーティションテーブル）へのデータ挿入、メモリ割り当て状況確認

```
mysql> INSERT INTO `CountryLanguage` VALUES ('JPN','Ainu','F',0.0);
mysql> INSERT INTO `CountryLanguage` VALUES ('JPN','Chinese','F',0.2);
mysql> INSERT INTO `CountryLanguage` VALUES ('JPN','English','F',0.1);
mysql> INSERT INTO `CountryLanguage` VALUES ('JPN','Japanese','T',99.1);
mysql> INSERT INTO `CountryLanguage` VALUES ('JPN','Korean','F',0.5);
mysql> INSERT INTO `CountryLanguage` VALUES ('JPN','Philippene
Languages','F',0.1);
mysql>
mysql> SELECT node_id, fq_name, fragment_num, fixed_elem_alloc_bytes FROM
ndbinfo.memory_per_fragment WHERE type='User table' AND fq_name LIKE
'%CountryLanguage';
+---------+---------------------------+--------------+-----------------------+
| node_id | fq_name                   | fragment_num | fixed_elem_alloc_bytes |
+---------+---------------------------+--------------+-----------------------+
|       2 | world/def/CountryLanguage |            0 |                     0 |
|       2 | world/def/CountryLanguage |            1 |                     0 |
|       2 | world/def/CountryLanguage |            2 |                     0 |
|       2 | world/def/CountryLanguage |            3 |                     0 |
|       2 | world/def/CountryLanguage |            4 |                     0 |
|       2 | world/def/CountryLanguage |            5 |                     0 |
|       2 | world/def/CountryLanguage |            6 |                 32768 |
|       2 | world/def/CountryLanguage |            7 |                     0 |
|       3 | world/def/CountryLanguage |            0 |                     0 |
|       3 | world/def/CountryLanguage |            1 |                     0 |
|       3 | world/def/CountryLanguage |            2 |                     0 |
|       3 | world/def/CountryLanguage |            3 |                     0 |
|       3 | world/def/CountryLanguage |            4 |                     0 |
|       3 | world/def/CountryLanguage |            5 |                     0 |
|       3 | world/def/CountryLanguage |            6 |                 32768 |
|       3 | world/def/CountryLanguage |            7 |                     0 |
+---------+---------------------------+--------------+-----------------------+
16 rows in set (0.03 sec)
```

CountryLanguage テーブルに CountryCode=SWE のデータを複数件追加で挿入し、メモリ割り当て状況を確認します（リスト 10.8）。追加で fragment_num=7 のフラグメントにのみメ

モリが割り当てられていることから、CountryCode=SWE のデータは fragment_num=7 のフラグメントに配置されたことが確認できます。

リスト 10.8: CountryLanguage テーブル（パーティションテーブル）へのデータ追加挿入、メモリ割り当て状況確認

```
mysql> INSERT INTO ‘CountryLanguage‘ VALUES ('SWE','Arabic','F',0.8);
mysql> INSERT INTO ‘CountryLanguage‘ VALUES ('SWE','Finnish','F',2.4);
mysql> INSERT INTO ‘CountryLanguage‘ VALUES ('SWE','Finnish','F',2.4);
mysql> INSERT INTO ‘CountryLanguage‘ VALUES ('SWE','Norwegian','F',0.5);
mysql> INSERT INTO ‘CountryLanguage‘ VALUES ('SWE','Southern Slavic
Languages','F',1.3);
mysql> INSERT INTO ‘CountryLanguage‘ VALUES ('SWE','Spanish','F',0.6);
mysql> INSERT INTO ‘CountryLanguage‘ VALUES ('SWE','Swedish','T',89.5);
mysql>
mysql> SELECT node_id, fq_name, fragment_num, fixed_elem_alloc_bytes FROM
ndbinfo.memory_per_fragment WHERE type='User table' AND fq_name LIKE
'%CountryLanguage';
+---------+-------------------------+--------------+------------------------+
| node_id | fq_name                 | fragment_num | fixed_elem_alloc_bytes |
+---------+-------------------------+--------------+------------------------+
|       2 | world/def/CountryLanguage |            0 |                      0 |
|       2 | world/def/CountryLanguage |            1 |                      0 |
|       2 | world/def/CountryLanguage |            2 |                      0 |
|       2 | world/def/CountryLanguage |            3 |                      0 |
|       2 | world/def/CountryLanguage |            4 |                      0 |
|       2 | world/def/CountryLanguage |            5 |                      0 |
|       2 | world/def/CountryLanguage |            6 |                  32768 |
|       2 | world/def/CountryLanguage |            7 |                  32768 |
|       3 | world/def/CountryLanguage |            0 |                      0 |
|       3 | world/def/CountryLanguage |            1 |                      0 |
|       3 | world/def/CountryLanguage |            2 |                      0 |
|       3 | world/def/CountryLanguage |            3 |                      0 |
|       3 | world/def/CountryLanguage |            4 |                      0 |
|       3 | world/def/CountryLanguage |            5 |                      0 |
|       3 | world/def/CountryLanguage |            6 |                  32768 |
|       3 | world/def/CountryLanguage |            7 |                  32768 |
+---------+-------------------------+--------------+------------------------+
16 rows in set (0.02 sec)
```

10.3 Distribution Awareness とパーティショニングテーブルを活用した、複数テーブルにアクセスするトランザクションのチューニング

前述の例では Country テーブルはパーティション化していませんが、同様の手法で Country テーブルについても Code 列（CountryLanguage テーブルの CountryCode 列が参照している列）でパーティション化することで、Code=JPN のレコードを fragment_num=6 に、Code=SWE のレコードを fragment_num=7 に配置できます。

TC はトランザクションにおける最初のクエリ実行時に決定するため、例えばリスト 10.9 のようなトランザクションは Country テーブル、CountryLanguage テーブルの両方を Code 列（CountryCode 列）でパーティション化しておくことで、CountryLanguage テーブルだけをパーティション化するよりも更に効率的に処理できます。アクセス対象のレコードが全て同じデータノードに存在するだけでなく、そのトランザクションを処理する TC も同じデータノード上の TC が選択されるからです（最初のクエリで Code=JPN を指定しているため、JPN のデータが存在するデータノード上の TC が選択される）。

リスト 10.9: Distribution Awareness とパーティショニングテーブルを活用してチューニングできるトランザクションの例

```
mysql> START TRANSACTION;
Query OK, 0 rows affected (0.00 sec)

mysql> SELECT Code, Population From Country WHERE Code='JPN';
+------+------------+
| Code | Population |
+------+------------+
| JPN  |  126714000 |
+------+------------+
1 row in set (0.00 sec)

mysql> SELECT CountryCode, Language From CountryLanguage WHERE
CountryCode='JPN';
+-------------+----------------------+
| CountryCode | Language             |
+-------------+----------------------+
| JPN         | Ainu                 |
| JPN         | Chinese              |
| JPN         | English              |
| JPN         | Japanese             |
```

```
| JPN         | Korean               |
| JPN         | Philippene Languages |
+-------------+----------------------+
6 rows in set (0.01 sec)
```

10.4　パーティショニングテーブル使用時の注意事項

前述の例の通り、パーティショニングテーブルを使用し、パーティショニングキーでレコードを分散した場合には、レコードの分布に偏りが生じます。そして、システムのデータへのアクセスパターンによっては、この偏りが原因で特定のデータノードのみに負荷が集中するなど、ボトルネックを発生させる可能性もあります。そのため、パーティショニングテーブルを使用したチューニングを試みる場合は、単一トランザクションのレスポンスタイムだけを確認するのではなく、システム全体としての性能を確認することも忘れないように注意してください。

●著者紹介

山﨑 由章

日本オラクル株式会社

MySQL のセールスコンサルタント。元々は Oracle データベースのコンサルティング、サポート等に従事していたが、オープンソースとフリーソフトウェア（自由なソフトウェア）の世界に興味を持ち、MySQL の仕事を始める。趣味は旅行と美味しいものを食べること。

●スタッフ

- 岡田 章志（表紙オリジナルデザイン）
- 山本 宗宏（紙面レイアウトデザイン）
- 田中 佑佳（紙面制作）
- 伊藤 隆司（Web 連載編集）

●本書の内容に関するご質問は、書名・ISBN・お名前・電話番号と、該当するページや具体的な質問内容、お使いの動作環境などを明記のうえ、インプレスカスタマーセンターまでメールまたは封書にてお問い合わせください。電話やFAX等でのご質問には対応しておりません。なお、本書の範囲を超える質問に関しましてはお答えできませんのでご了承ください。

●落丁・乱丁本はお手数ですがインプレスカスタマーセンターまでお送りください。送料弊社負担にてお取り替えさせていただきます。但し、古書店で購入されたものについてはお取り替えできません。

■読者の窓口
インプレスカスタマーセンター
〒101-0051 東京都千代田区神田神保町一丁目105番地
TEL 03-6837-5016 ／ FAX 03-6837-5023
info@impress.co.jp

■書店／販売店のご注文窓口
株式会社インプレス 受注センター
TEL 048-449-8040
FAX 048-449-8041

MySQL Clusterによる高可用システム運用ガイド
（Think IT Books）

2016年4月1日 初版発行

著　者 山﨑 由章
発行人 土田 米一
発行所 株式会社インプレス
〒101-0051 東京都千代田区神田神保町一丁目105番地
TEL 03-6837-4635（出版営業統括部）
ホームページ http://book.impress.co.jp/

印刷所 京葉流通倉庫株式会社

ISBN978-4-8443-8010-8 C3055
Printed in Japan